中餐
烹飪概論

邵萬寬 編著

目錄

前言

全書共分8章。分別從中國傳統美食文化、中國烹飪歷史發展狀況、中國烹飪技術原理、中國菜品審美、中國烹飪風味流派、中國烹飪菜品及風味特色、中國筵宴菜品和中國烹飪未來發展諸方面加以系統闡述。本書既重視技術性問題，又重視理論性內容；既具有科學性，又體現時代性。本書的編寫，力求循序漸進、由淺入深地把內容講清楚、說明白。

本書以中國各個不同的地區為立足點，重視烹飪地域的全面性和文化傳承的系統性，在編寫中以烹飪基本理論中的要點和規律性內容為主，以現代烹飪生產和實踐為研究的視角，增加了新時代的知識含量，以便讀者能全面領略和獲取較為廣泛的烹飪理論方面的知識。

探索中國烹飪文化有兩個深切的感受。一是精神上的滿足感。前輩們留下的財富很豐富，我們現代的研究成果都是站在前人的臂膀上前行的，自己所取得的成績也是在前輩創造成果的基礎上的再學習。二是學習上的攀登感。中國烹飪文化領域十分廣闊，需要我們學習的東西太多，在探索過程中，要不斷補充新知識，不斷跨越新障礙，以適應不同時代的需求。

中國烹飪文化博大精深。由於程度所限，書中不足之處在所難免，懇請廣大專業人士和烹飪同行不斷提出寶貴意見和建議，以便今後再版時修訂提高。

邵萬寬

第 1 章　中國烹飪與傳統美食

本章重點

中國烹飪集中全中國各民族烹飪的精華，以其獨特的魅力和輝煌的成就令世人矚目。眾多的地方風味，異彩紛呈，各具特色。本章重點介紹中國傳統烹飪文化的發展、特徵、優良傳統和膳食特點，多方位地展現中國烹飪傳統美食文化的風采。

內容提要

透過學習本章，要實現以下目標：

●掌握烹飪文化的主要特徵

●瞭解中國美食的優良傳統

●瞭解中國烹飪傳統配膳特點

中華美食源遠流長，以其精湛的烹飪技藝和豐富的文化內容，在國際上享有盛譽。中華美食展現了中華民族的飲食傳統，是中國各族人民幾千年辛勤努力的成果和智慧的結晶，融會了中國燦爛的文化，集中了全國各民族烹飪技藝的精華。它與世界其他各國的美食相比，有許多獨到之處。

第一節 烹飪及其文化特色

一、烹飪與烹調

「烹飪」一詞最早出現於《周易・鼎》中，其曰：「以木巽火，亨（烹）飪也。」這裡的「木」指燃料，「巽」指風，「亨」在先秦與「烹」通用。故烹飪古義為：將食物原料放在鼎中，順風點燃燃料，使食物加熱成熟。

現代語言工具書解釋「烹飪」為「煮熟食物」（《辭源》）、「烹調食物」（《辭海》）、「做飯做菜」（《現代漢語詞典》）。

在古代漢語裡，「烹」即為「燒煮」，「飪」指「加熱到適當程度」；「烹飪」，即是把食物加熱成熟。如再進一步釋義，那就是食物加熱成熟所涉及的一切行為，目的在於製作便於食用、易於消化、安全衛生、能刺激食慾的食品。《中國烹飪辭典》對「烹飪」的解釋比較全面：烹飪是人類為了滿足生理需求和心理需求把可食原料用適當的方法加工成為直接食用的成品的活動。它包括對烹飪原料的認識、選擇和組合設計，烹調法的應用與菜餚、食品的製作，飲食生活的組織，烹飪效果的展現等全部過程，以及它所涉及的全部科學、藝術方面的內容，是人類文明的標誌之一。

「烹調」在《辭源》、《現代漢語詞典》中都解釋為：烹炒調製（菜餚）。「調」，主要指調味。在遠古時代，當時的人們開始不知道製作調味品，只能嘗到食物的本味，陶器產生以後，才促進了調味品的產生與發展。由此看來，「烹調」一詞是晚於「烹飪」出現的。

目前，人們將「烹調」多理解為調理、調味以及相關的菜品調製技術，包括原料選擇、加工、切配、拼擺、臨灶製作、用火、調味、裝盤等全部操作過程。其使用範圍較「烹飪」狹窄，僅指製作飯菜：不僅包括菜品的熟製，也包括菜品的生製；不僅包括手工操作，也包括機械加工等。

由此看來，烹飪與烹調是語意相近的詞語，無論是在古代漢語還是現代漢語中，這兩個詞往往是混用的。近二十年來，隨著研究的不斷深入，特別是烹飪成為一門獨立的學科以後，人們才逐漸將它們的詞義規範。於是，烹飪就成了一門學科、一個行業的名稱，而烹調只是烹飪行業中的一個具體工種和烹飪學科中的一個概念或一門課程。

‖

二、烹飪工藝的發展

烹飪工藝，是從人的飲食需要出發，對烹調原料進行選擇、切割、組配、調味與烹製，使之成為符合營養衛生、具有民族文化傳統、能滿足人們飲食需要的菜品的製作方法。

烹飪工藝最初僅是將生食原料用火加熱製熟。中國早在秦漢時期就有了「斷割、煎熬、齊和」三大烹飪要素的說法，如果用今天的烹飪術語來表達那就是「刀工、火候和調味」。之後，在人類烹調與飲食的實踐中，隨著食物原料的擴展和炊具、烹調法的不斷發展與提高，烹飪工藝逐步形成了眾多的技法體系和許多完整的工藝流程。它包括一切技能、技術和工具操作的總和。具體內容有選擇和清理工藝、分解工藝、混合工藝、優化工藝、組配工藝、熟製工藝、成品造型工藝以及新工藝的開發等要素。

在中國，幾乎每一個地區、每一個民族，乃至每一個自然村鎮，都有著特色性的食品，它們是人類飲食文化中的優秀遺產。這些食品具有濃郁的地方風味、獨特的加工技藝，多變的形式、豐富的品種、鮮明的風格，是各地區物質文化與精神文化的結晶。

隨著社會的發展與科學的進步，中國烹飪工藝逐漸地由簡單向複雜、由粗糙向精緻發展。在此過程中，人們不僅透過烹調工藝生產製作出食品，適應與滿足飲食消費的需要，而且在烹調生產與飲食消費的過程中，逐漸認識到它們所產生的養生保健作用，並積極地加以發揮與利用；同時，也逐漸認識到它們所具有的文化蘊涵，賦予它們藝術的內容與形式，使飲食生活昇華為人類的一項文明享受。因此，中國烹飪技術活動兼具物質生活資料生產、人的自身生產和精神生產三種生產性能。

應該說，烹飪工藝是一種複雜而有規律的物質運動形式，在選料與組配、刀工與造型、施水與調味、和麵與製餡、加熱與烹製等環節上既各有所本，又相互依存，因此，可以說，烹調工藝中有特殊的法則和規律，包含著許多人文科學和自然科學的道理。在烹飪生產中，料、刀、爐、水、火、味、器等的運動都各有各自的法則，而在這些生產過程中，都要靠人來調度和掌握，透過手工的、機械的或電子的手段（目前我們主要靠手工）進行切配加工、加熱，使烹飪原料成為可供人們食用的菜點。一份成熟菜點的整個生產工藝過程要涉及許多基礎知識和技能。

烹調技法是中國烹飪技藝的核心，是前人寶貴的實踐經驗的科學總結。它是指把經過初步加工和切配成形的原料，透過加熱和調味，製成不同風味菜品的操作工藝。由於烹飪原料的性質、質地、形態各有不同，菜品在色、香、味、形、質等諸質量要素方面的要求也各不相同，因而製作過程中的加熱途徑、糊漿處理和火候運用也不盡相同，這就形成了多種多樣的烹飪技法。中國菜餚品種雖然多至上萬種，但其基本方法則可歸納為以水為主要導熱體、以油為主要導熱體、以蒸氣和乾熱空氣為導熱體、以鹽為導熱體的烹調方法。其代表方法主要有燒、扒、燜、燴、氽、煮、燉、煨、炸、炒、爆、溜、烹、煎、貼、蒸、烤、滷、油浸、拔絲、蜜汁等幾十餘種。

烹飪技術的進一步發展，使得許多新炊具不斷湧現，特別是1940年代以後，壓力鍋、電子鍋、燜燒鍋、不沾鍋、電磁爐、電炒鍋等灶具的出現，打開了烹飪的新領域，為大量生產提供了許多便利，並為縮短菜品的時間和提高菜品的質量提供了有利條件，許多烹飪工藝參數得到了有效的控制，傳統的烹飪工藝又進入了一個新的歷史時期。

進入21世紀，在保證產品質量的前提下，廣泛利用現代科技成果，將其引進現代烹飪生產中，不斷革新，縮短烹調時間，以保證產品的標準化和技術質量；在保持傳統菜品風味的前提下，加快廚房生產速度，以滿足大量客人進餐消費的需求；在菜品的生產工藝上，充分利用食物的營養成分，合理搭配，強化烹飪生產與飲食衛生，以達到促進食慾、飲食享受的需求，成為現代烹飪工藝發展的主要任務。

三、烹飪文化的特徵

中國烹飪文化有著豐厚的歷史積存，而且彙集了多種文化成分。我們在把握烹飪文化的同時，不能只注重烹飪文化的表層結構，如菜品製作、宴席組配、烹飪設備等等，更要注重烹飪文化的深層結構，把握其本質上的某些穩定性特徵。這些特徵雖然不是烹飪文化所獨有，卻是我們多角度全方位地審視烹飪文化所不應忽視的。這裡，我們簡略地將這些特徵概括為時代性、民族性、地域性、傳承性和綜合性。

（一）時代性

人類的烹飪文化是由傳統遺產和現代創造成果共同組成的。不同的時代創製出的菜點風格是不同的。遠古、上古、中古、近代、現代的烹飪製作與創造組成了一部由簡單到複雜、由低級到高級、由慢到快、由滿足生理需求到滿足生理需求和心理需求的人類烹飪文化發展史。

烹飪文化具有強烈的時代性，不同的時代人們對飲食的追求是不同的。在貧窮落後的年代，人們為生存、溫飽而奔波，這一時期飲食需求就是養家餬口，填飽肚皮，難求飲食安全，更談不上追求菜品的文化藝術效果。而在社會經濟繁榮發展的時代，人們生活有了積餘，在飲食上的要求已不僅滿足於吃飽，而開始有意識地講究飲食美味、多樣及變化。

從烹飪工藝發展角度來講，歷代的中國菜點一刻也沒有停止過它的繼承與發展。中國烹飪文化史，實際上是一部中國菜點發展史。在古代，許多烹飪工藝都是在繼承中發展的，儘管那時候的美味佳餚絕大多數都是供帝王將相享受的。現代中國烹飪在繼承古代傳統的基礎上，開始注重形的變化多樣，由此產生了一大批多姿多彩的造型菜點。1990年代流行的「仿古菜」、「家常菜」、「海鮮菜」、「野味菜」等等一時成為烹飪工藝生產的主要內容。進入21世紀，烹飪工藝由繁向簡逐漸演化，「保健」、「方便」菜點流行全國各地。人們趨向回歸大自然，「純天然」、「無公害」、「無汙染」等作為衡量食品優劣的重要依據，成為烹飪工藝生產的主攻方向。而藥膳菜品、減肥菜品、粗糧菜品、野菜食品等，則成為烹飪生產最關注的方面。

（二）民族性

每個民族都有著自身歷史形成的較為穩定的風俗習慣、行為方式和價值觀念，有著與其他民族不同的特徵屬性，這些屬性通常為一個民族全體成員所共同擁有。烹飪文化是一個民族飲食生活的重要展現，因此，烹飪生產出的菜品，它的民族性是不應忽視的。

（三）地域性

烹飪文化是眾多特定地理範圍內的文化產物，不論是歷史傳承還是空間移動擴散，都離不開特定的地域。因而，注意烹飪的地域性是相當重要的。

但烹飪文化的地域性也受到其他地區烹飪文化的影響。一般說來，隨著交通的發達、中外交往的增多，各地的烹飪文化會相互影響和相互借鑑。特別是烹飪文化的交流，更加速了這種相互影響和相互借鑑。

（四）傳承性

傳承性是從縱向的時間角度而言的，與烹飪文化地域性的橫向空間角度相對應。任何地區的烹飪文化都是人類文化長期歷史演變的結果。烹飪文化的傳承性，展現在原料的使用上、技藝的運用上、觀念的變異上。

1.烹飪生產的原料使用

從烹飪生產的原料使用上說，菜點的製作離不開動植物原料，而這些原料本身就有一個傳承性，現在的菜品原料都是歷史上不同時期被人們發現研究、培植而年復一年沿用的。

2.製作菜點的烹飪技藝

從製作菜點的烹飪技藝來看，自古及今也有一個歷史的傳承關係。就發酵麵的使用，在中國少說也有兩千多年的歷史了。這一點從「酵」字的歷史發展可以看出。在《周禮》一書中就記有「酏食糝食」，酏食即是發麵餅，在以後不斷得到發展。到北魏時期，《齊民要術》中已有很詳盡的「發酵」記錄，根據天氣溫度、發酵麵數量而投酵，說得已比較精確，這為以後用「酵母菌」發酵奠定了基礎。此外，各種切配技術、烹調技術無不是經歷史演變而發展成熟的。

3.烹飪創新的觀念層面

從烹飪創新的觀念層面說，有不少寶貴的烹飪技藝和烹飪經驗仍啟迪著代復一代的後來者，也有不少飲食方法和不科學的技術隨著時間的流逝被人們淘汰和否定了。像古代的一些「殘忍飲食觀」（如食猴腦、燙鴨掌等）、不健康飲食法等等已被人們所拋棄。

（五）綜合性

烹飪活動是社會環境中多種文化現象的綜合反映，所以烹飪文化具有綜合性的特點。烹飪與人們的生活密切相關，社會的人是烹飪文化的主體，他們不同的年齡、信仰、職業、民族、情趣、喜好、習俗等都會制約或影響烹飪文化的發展，使烹飪文化帶有多樣的、內部不斷借鑑綜合的特徵。

烹飪文化的產品，有作為物質形態的菜餚、麵點、小吃，也有凝結在生產製作中的文化精神和民俗積存；既有歷時性的古代、近現代文化印記，又有共時性的當地、外域不同空間範圍的文化因子交會；還有特定的宗教、習俗、經濟等其他文化分支的滲透影響，從而使烹飪的產品成為可滿足飲食者多種文化需求、多種混合消費動機的對象。

四、烹飪文化的基本要素

烹飪文化的產生、發展和演變都與特定的時間、空間不可分離。烹飪文化在一定的時間、空間中產生、累積、演化、傳播，其間相關要素有的留存、有的變異、有的彼此融會，有的消亡或再生。烹飪文化由簡單到豐富，不斷傳承匯聚，在一定時空中延續，構成了烹飪文化時空系統的基本要素。

（一）烹飪文化層

文化層，指的是文化在歷史發展上存在著不同層次，每一層次均展示著各自不同歷史時期諸文化要素聯結而成的特徵。烹飪文化層，指的是在人類烹飪史上不同時期由烹飪文化諸要素聯結而成的具有獨特特徵的歷史層面，如宮廷烹飪文化、寺院烹飪文化、民間烹飪文化等。

（二）烹飪文化系

烹飪文化系，指的是由許多烹飪文化集合構成的較大範圍的烹飪文化複合體，傳統的叫做「幫」或「幫口」，1970年代初開始稱為「菜系」。如長江下游的江蘇省烹飪文化系，又稱江蘇菜系，是由南京、蘇州、揚州、淮安等地方的菜品構成的烹飪文化複合體；珠江流域的廣東省烹飪文化系，又稱廣東菜系，是由廣州、潮州、東江等地方構成的烹飪文化複合體。

（三）烹飪文化區

烹飪文化區，指的是由多個烹飪文化系所構成的大範圍地域。這種地域一般以更大範圍的區域來劃分，如京津烹飪文化區、江浙烹飪文化區、粵閩烹飪文化區，或者再大一些的如長江烹飪文化區、黃河烹飪文化區、長白山烹飪文化區、草原烹飪文化區等。

（四）烹飪文化圈

烹飪文化圈，指的是若干個相關或相似的烹飪文化區所構成的特大範圍地域。這些烹飪文化區可以連續或不連續分布，如華東烹飪文化圈、西南烹飪文化圈、東北烹飪文化圈、華北烹飪文化圈、素食烹飪文化圈等。而素食烹飪文化圈包括連續分布的省市，也包括在地域上呈不連續分布狀態的全國各地區。另外，也有一個國家或多個國家形成的烹飪文化圈，如美國烹飪文化圈、東歐烹飪文化圈、東南亞烹飪文化圈、南亞烹飪文化圈等。

第二節 中華美食的傳統風格

一、華夏美食的優良傳統

中國疆域遼闊，各地氣候、自然地理環境與物產存在著較大的差異，由此形成了中國烹飪豐富多彩的風格特色。幾千年來，中國烹飪的文化創造與實踐培育了中華民族博大精深的飲食文化體系，這些優良傳統與世界各國相比，具有典型的民族文化特點。

（一）食料廣博

華夏美食聞名遐邇，中國擁有豐富的物產資源是一個重要條件，它為飲食提供了堅實的物質基礎。中國背靠歐亞大陸，面臨海洋，是一個海陸兼備的國家。遼闊的疆土、多樣的地理環境、多種的氣候，為烹飪原料的繁衍生息提供了雄厚的物質基礎。綿長的海岸提供了珍貴海鮮，縱橫交錯的江河湖泊盛產魚蝦和水生植物，無垠的草原牛羊遍布，巍峨的高山、茂密的森林特產野味山珍，坦蕩的平原五穀豐登。這種地形環境的不同，使中國烹飪具有了得天獨厚的原料品種，加上複雜的氣候差異，使烹飪原料品質各異。寒冽的北土有哈士蟆（雪蛤）、猴頭菇等多種野生動植物珍稀原料；酷熱的南疆，有窩、蟲、蛹、蛇、時鮮果品；乾旱的西域，有優質的牛、馬、羊、駝；雨量充沛的長江流域，沃野千里的中原大地皆得天時地利之便。優越的地理位置和得天獨厚的自然條件，使得中國烹飪特產原料特別富庶而廣博。

（二）風味多樣

中國一向以「南米北麵」著稱，在口味上乂有「南甜北鹹東辣西酸」之別。就地方風味而言，有黃河流域的齊魯風味，長江流域中上游地區的川湘風味，長江中下游地區的江浙風味，嶺南珠江流域的粵閩風味，五方雜處的京華風味，各派齊集的上海風味，以及遼、吉、黑的東北奇品，桂、雲、黔的西南佳餚，可謂四方備美食，五湖聚佳味。就民族風味而言，漢族以外，還有蒙、滿、回、藏、苗、壯、傣、黎、哈、維吾爾等少數民族的特色風味、佳品名饌。

另外，珍饈薈萃的宮廷風味、製作考究的官府風味、崇尚形式的商賈風味、清馨淡雅的寺院風味、可口實惠的民間風味等，它們色彩不一、技法多變、口味迥異、特色分明，構成了中國繁多的風味美食。

（三）技藝精湛

中國菜品在烹飪製作時對原料的選擇、刀工的變化、菜料的配製、調味的運用、火候的把握等方面都有特別的講究。原料選擇非常精細、考究，力求鮮活，不同的菜品按不同的要求選用不同的原料；注意品種、季節、產地和不同部位；善於根據原料的特點，採用不同的烹法和巧妙的配製組合。中國烹飪精湛的刀工古今聞名，加工原料講究大小、粗細、厚薄一致，以保持原料受熱均勻、成熟度一樣；還創造了批、切、鍥、斬等刀法，能夠根據原料特點和菜餚製作的要求，把原料切成絲、片、條、塊、粒、茸、末和麥穗花、荔枝花、蓑衣花等各種形狀。

中國菜餚的烹調方法變化多端、精細微妙，並有幾十種各不相同的烹調方法，如炸、溜、爆、炒、烹、燉、燜、煨、焐、煎、醃、滷以及拔絲、糖霜、蜜汁等。中國菜餚的口味之多，世界上首屈一指。中國各地方都有各自獨特而可口的味型，如為人們所喜愛的鹹鮮味、鹹甜味、辣鹹味、麻辣味、酸甜味、香辣味以及魚香味、怪味等。另外，在火候上，根據原料的不同性質和菜餚的需要，靈活掌握火候，運用不同的火力和加熱時間的長短，使菜餚達到鮮、嫩、酥、脆等效果，並根據時令、環境、對象的外在變化，因人、因事、因物而異。高超的烹飪技藝為中國飲食魅力的形成奠定了堅實的基礎。

（四）四季有別

注重季節與飲食的搭配，是華夏美食的主要特徵之一，也是中華民族的飲食傳統。中國春夏秋冬四季分明，各種食物原料應時而生。早在2000多年前，中國宮廷中即有「四季食單」了。隨著季節的變化，連吃肉、用油也有「原則」：如《周禮・天官・庖人》中說：「凡用禽獻，春行羔豚，膳膏香；夏行腒（ㄐㄩ，乾野雞）鱐（ㄙㄨˋ，魚乾），膳膏臊；秋行犢麛（ㄇㄧˊ，小鹿），膳膏腥；冬行鮮羽，膳膏羶。」這就是一張很好的節令菜單。中國很早就注意季節的時令變化，並掌握了一整套的飲食經驗。如《周禮》中載有「春多酸，夏多苦，秋多辛，冬多鹹，調以滑甘」的説法，就是講味道要應合季節時令。對調味品也要按時令調配，如「膾，春用蔥，秋用芥。豚，春用韭，秋用蓼」。自古以來，中國一直遵循調味、配菜的季節性，冬則味醇濃厚，夏則清淡涼爽；冬多燉燜煨焐，夏多涼拌冷凍。還特別注意按節令排菜單，就水產原料説，春嘗刀（魚），夏嘗鰣（魚），秋嘗蟹，冬嘗鯽（魚）。各種蔬菜更是四時更替，不同季節選用不同的蔬菜，講究應時而食。

人們還特別注重四時八節的傳統飲食習俗。諸如春節包餃子（北方）、正月十五吃元宵、端午節包粽子、中秋嘗月餅、重陽品花糕等等。食用這些節令性食品的習慣一直沿襲至今。

（五）講究美感

中華美食自古以來就講究菜餚的美感。注意食物、菜餚的色、香、味、形、器的協調一致。對菜餚的色彩、造型、盛器都有一定的要求，遵循一定的美的規律，力求食品色、形的外觀美與營養、味道等質地美的統一。

中國菜品講究美感，其表現是多方面的。廚師們透過豐富的想像，塑造出各種各樣的形狀和配製多種多樣的色調。中國的象形菜獨樹一幟，「刀下生花」別具一格；食品雕刻栩栩如生，拼擺堆砌，鑲釀卷模，各顯其姿；色彩鮮明，主次分明，構圖別緻，味美可口，達到了令「觀之者動容，味之者動情」的美妙藝術境地。

（六）注重情趣

中國飲食在菜餚的命名、品味的方式、食用的時間和空間的選擇、進餐時的節奏、娛樂的穿插等方面都有一定的要求。

中國菜餚的名稱具有形神兼備、雅俗共賞的特點。菜餚名稱除根據主料、輔料、調料及烹調方法寫實命名外，還大量根據歷史掌故、神話傳說、名人食趣、菜餚形象進行寓意命名。諸如，全家福、將軍過橋、獅子頭、叫化雞、龍鳳呈祥、鴻門宴、東坡肉、貴妃雞、松鼠鱖魚、金雞報曉等等，立意新穎，風趣盎然。

中國第一部詩歌總集《詩經・雅》中的大部分詩，都是宮廷中宴筵時的詞曲。歷代詩、詞、曲很大一部分是與烹飪有關係的。

中國是極早講究飲食情趣的國家，講究美食與美器的結合，美食與良辰美景的結合，宴飲與賞心樂事的結合。《蘭亭集序》中飲宴的場面，文人雅集於蘭亭，在清涼激湍之處，流觴曲水，列坐其次，一觴一詠，暢敘幽情；《滕王閣序》中宴會的盛況，「睢園綠竹，氣凌彭澤之樽；鄴水朱華，光照臨川之筆」；《前赤壁賦》中的泛舟小飲，風月肴核，誦詩作歌；明清時盛行的旅遊船宴，人們身處船中，一邊飽覽沿途風光、談笑風生，一邊行令猜枚、品嘗佳味；《紅樓夢》中更有許多宴會場面，都可展現中華民族的飲食情趣。中國的飲食文化傳統，把飲食與美術、音樂、舞蹈、戲劇、雜技等藝術欣賞相結合，使飲食既是一種美好的物質享受，也是一種高尚的精神享受。

（七）食醫結合

中國的飲食有同醫療保健緊密聯繫的傳統。中國在幾千年前就很重視「醫食同源」、「藥膳同功」，利用食物原料的藥用價值，烹製各種美味的佳餚，達到預防和治療某些疾病的目的。中國的食療歷史悠久，《黃帝內經・素問・藏氣法時論》中明確指出了「五穀為養，五果為助，五畜為益，五菜為充，氣味合而服之，以補精益氣」的配膳原則。這裡提到的主食、副食，養、助、益、充於體者，功用不同，都有益於健康，但必須「氣味合而服之」。它從醫學角度完整概括了中國的飲食特色和飲食原則。之後不斷發展，宮廷中專門設立了負責飲食營養治療的「食醫」，研究飲食與醫療的辯證關係，尋找滋補有益的食品，並提出了許多合乎科學的道理。

由古及今，中國民間常利用食物原料來防病治病，利用植物的根、莖、葉、花、果和動物的皮、肉、骨、脂、臟，按一定比例組合，在烹調中稍加利用，就既可滿足食慾、滋補身體，又能療疾強身、頤養天年。對於許多常見病和慢性病，根據食物的寒、熱、溫、涼四性和辛、甘、酸、苦、鹹五味，民間常採用飲食療法施治。唐代的名醫孫思邈說過：「夫為醫者，當須先曉病源，知其所犯，以食治之，食療不癒，然後命藥。」以後的歷代名醫都有過相關論述。這說明中國古代很早就重視飲食的治療作用，且都早有記載可以借鑑，內容極其豐富，近代又有了很大的發展。

二、中國烹飪美食之源

晉代張華在《博物志》中說：「東南之人食水產，西北之人食陸畜。食水產者，龜蛤螺蚌以為珍味，不覺其腥臊也；食陸畜者，貍兔鼠雀以為珍味，不覺其膻也。」自古以來，不同的食物原料、不同的製作方式、不同的口味喜好，孕育了不同的鄉土地域文化，這種差異性的風物特色是因人類地理分布而形成的地域性群體文化。

（一）海濱風味

中國有著悠長的海岸線，豐富的海洋資源。「正月沙螺二月蟹，不羨山珍羨海鮮」，這是古代漁民對海味佳餚的讚美。海邊村鎮和城市不僅海產鮮活，而且價格便宜。海濱地區海岸蜿蜒曲折，海洋漁業十分發達，當地的土菜主要以烹製各種海鮮見長，其得天獨厚的海產優勢，為當地人「靠海吃海」創造了優越的條件。海產原料豐富，自然海產的食法多種多樣，有水煮吃、燒烤吃、煎扒吃、串燒吃、涮燙吃、爆炒吃等等。

東部沿海的江浙地區，臨河倚海，氣候溫和，淺海灘遼闊而優良。優越的地理條件，蘊藏著富饒的海產珍味，魚、蝦、螺、蚌、蛤、蟶等海產佳品常年不絕。在江浙沿海，產量最多的應屬與大黃魚相當的小黃魚，沿海村民稱之為「黃花魚」，魚汛適值氣溫漸高的季節，海濱漁民往往將捕獲的大量黃花魚晒成魚乾，切成魚塊，用糯米酒釀醃製起來，作為一年四季的佐餐佳餚和待客常菜。

（二）山鄉風味

在中國，逶迤綿延的崇山峻嶺甚多。大小興安嶺橫亙在東北地區之側，這裡有豐富的山珍野味，長白山人參、猴頭菇、黑木耳、飛龍（鶺鴒）等物產殊異；雲南、四川的山地，各種動植物豐富多彩，松茸、竹笙、蟲草、天麻、雞肉絲菇等特色原料為當地的飲食、烹飪增色添彩。

安徽山地較多，山區水質清澈但含礦物質較重。人們習慣用木炭燒燉沙鍋類菜餚，微火慢製，形成了菜餚質地酥爛、湯汁色濃口重的山鄉特色。山中盛產的鞭筍、雁來筍，墜地即碎的問政山春筍，筍殼黃中泛紅，肉白而細，質地脆嫩微甜，是筍中之珍品；山中還盛產菇身肥厚、菇面長裂花紋的菇中上品——花菇，這些都是當地山民的特色食品。

在湖南湘西山區崇山峻嶺中，當地山民擅長烹製山珍野味、煙燻臘肉和各種醃肉，由於當地的自然氣候特點，山民口味側重於鹹香酸辣，常以柴炭作燃料，獨具山鄉風味特色。當地居民的醃肉方法也十分特殊，常拌玉米粉醃製肉類，大

都醃後臘製。山珍野味如寒菌、板栗、冬筍、野雞、斑鳩等。

（三）平原湖區風味

江淮湖海之間的江浙一帶，是魚米之鄉，常年時蔬不斷，魚蝦現捕現食。這裡水道成網，各種魚類以及著名的芹蔬蘆蒿、菊花腦、茭白筍、馬蘭頭、矮腳黃青菜，以及宿遷的金針菜、泰興的白果等等，為江蘇的鄉土風味菜奠定了優越的物質基礎。浙北平原廣闊，土地肥沃，糧油禽畜物產豐富，金華火腿、西湖蓴菜、紹興麻鴨、黃岩蜜橘、安吉竹雞等，都是著名的特產，使浙江鄉土菜獨具風味。

在湖南洞庭湖區，菜餚以烹製河鮮和家禽家畜見長，善用燉、燒、臘的技法。當地鄉土菜品以燉菜最為出色，常用火鍋上桌，民間則用蒸缽燉魚，其燒菜色澤紅潤而汁濃，並以臘味菜烹炒而著稱。

黃河下游是大片沖積平原，沃野千里，因而棉油禽畜、時蔬瓜果，種類廣，品質好。在山東西北部廣闊的平原上，膠州的大白菜、章丘的大蔥、倉山的大蒜、萊蕪的生薑、萊陽的梨等，為當地鄉土烹飪提供了取之不盡的物質資源。

（四）草原牧區風味

在北部和西北部廣闊無垠的大草原上，牛羊成群，駿馬奔馳。這裡的人們以肉食、奶食為主要食品。如蒙古族、哈薩克族、裕固族等，自古以來就從事狩獵和畜牧業，逐水草而居。

在蒙古族居民的肉食中，主要以牛羊肉為主，當地人的吃法一般是手抓肉，但也吃烤羊肉、燉羊肉、火鍋，而宴席則擺全羊席。

「靠牧、放牧、食肉、喝奶」曾是當地居民生活的最大特點。現在，隨著時代的發展，雖然在吃法上開始注意烹調技藝和品種的多樣化了，但這種食肉喝奶的地域民族特色卻仍然保留了下來。這種飲食特點，在草原居民的文化生活中具有重要的作用。

哈薩克族人的馬奶酒，被譽為草原上的營養酒；蒙古族的奶茶，被草原上認為是健身飲料；藏族的酸奶子和奶渣等均為獨具特色的奶食品。草原牧區的烹調方法，主要是各種各樣的烤（火烤、叉烤、懸烤、炙烤等）和煮。肉食以外的食品的烹調方法主要有蒸、炸、炒等。

（五）素食風味

素食，泛指蔬食，習慣上稱素菜。素食原料主要有植物油、「三菇」、「六耳」、豆製品、麵筋、蔬菜和瓜果等。

素食的歷史源遠流長。原始社會時期人類過著集體採集狩獵生活，由於生產力低下，生存狀況艱辛，食品無從選擇。進入商周時期，生產力發展，人們有了選擇食物的條件和要求，葷食與素食的區別逐漸明顯。在古代文獻典籍裡，如《詩經》、《論語》、《墨子》、《莊子》等，曾多次出現關於蔬食和菜羹的記載。《儀禮・喪服》載：「既練……飲素食。」講的是祭祀先人時要素食。《禮記・場記》說：「七日戒，三日齋。」這裡講的「齋戒」，指古人在祭祀或遇重大事件時，事先要有數日沐浴、更衣獨居並素食和戒酒等，使心地純一誠敬。西周時期以後，封建地主階級占有大量土地，殘酷剝削農民，廣大農民食不果腹，痛斥封建統治者為「肉食者」。那時，從食物上即已反映出了「肉食者」和蔬食者的階級差異。

秦漢時，中西文化交流，經「絲綢之路」傳入了許多蔬菜和瓜果，加之豆腐的問世，大大豐富了素食的內容，為素食的發展奠定了物質基礎。及至魏晉南北朝，素食有了飛躍的發展。北魏賈思勰《齊民要術》中，把素食專門列為一章作了論述。特別是南朝梁武帝蕭衍，以帝王之尊篤信佛教，素食終身，為天下倡。這時，素食得到了迅速普及，並向精美方向發展，「變一瓜為數十種，食一菜為數十味」（《兩晉南北朝史》）的現象也出現了。

在中國素食發展史上，佛教曾具有推波助瀾的作用。唐宋元明時期，烹調技藝日臻完美，植物油被廣泛應用，豆類製品大量增加，素食之風更為興盛。這時期的飲食典籍繁多，所記載的素食製作菜品不斷豐富，並出現了用麵粉、芋頭等原料製作的素菜；在外形上，素菜以假亂真、以素托葷，如《山家清供》中的素食製作，烹調技術已達到爐火純青的地步。素食從此成為中國烹飪體系中的一個重要分支。

到清代，素食的發展進入了黃金時代。宮廷御膳房專門設有「素局」，負責皇帝「齋戒」素食；寺院「香積廚」的「釋菜」，也有了較為顯著的改進和提高，出現了一批像北京的「法源寺」、南京的「棲霞寺」、西安的「臥佛寺」、廣州的「慶雲寺」、鎮江的「金山寺」、上海的「玉佛寺」、杭州的「靈隱寺」等烹製「釋菜」的著名寺院。各地的素食餐館急劇增加，素食品種花樣翻新。清末薛寶辰的《素食說略》，僅以北京、陝西兩地為例，就記述了二百多個素食品種。

素食從形成到今天日益興旺，究其主要原因，在於素食不僅清淡、時鮮，而且營養豐富、祛病健身。這對人類的繁衍生息以及健康長壽都具有重要的意義。

第三節 中國烹飪傳統配膳特點

中國傳統的飲食結構，歷來是以植物性食物為主體，動物性食物為輔佐，並落實在每一餐飯之中，從而達到膳食平衡。同時，還強調食醫結合、補治並舉，追求人體的健康，以養生長壽。這種飲食結構理論，人們稱之為「養助益充的食物觀念」。它是來源於《黃帝內經・素問・藏氣法時論》中。原文說：「五穀為養，五果為助，五畜為益，五菜為充。氣味合而服之，以補精益氣。此五者，有辛酸甘苦鹹，各有所利。」幾千年來，這種食物結構一直影響著中國人民的生產與生活，它不僅符合中國國情、民情和養生健體的要求，而且也是符合膳食平衡、符合現代科學原理的。

一、五味調和的進食觀念

五味調和是中華民族飲食文化的核心。它源遠流長，內涵豐富，是傳統文化的結晶。在中國烹飪中，「五味」是本體，「調」是手段，「和」是目的。它是一個烹調目的和手段的統一體，是一個系統。長期以來，五味調和不僅促進了烹飪原料的開拓，烹飪工藝的發展，而且促進了烹飪手段的多元建設，更重要的是逐漸形成了具有中國特色的營養觀念，以飲食的「性味」為人「興利除弊」，透過五味與五臟的不同「親和力」產生的功能，調和五臟和人體的陰陽平衡，使之精充、氣足、神旺，健康長壽。

五味調和，貴在調和。各種食物，無論具體形式是什麼，它都具有自己特定的性味與功能。人食用了哪些性味的食物適於臟腑的需要，須由人的感官和理性來加以鑑別和選擇，運用感官鑑別食物，看、觸、嗅、嘗，以口味為根本；運用理性來選擇食物，把握性味需適合五臟陰陽平衡。

中國烹飪運用不同介質進行加熱，運用不同原料調湯，勾出不同式樣芡汁，以漬、醃、泡、醬、浸等手段加工透味，都是力求使五味透過調和，既能滿足人的生理需要，又能滿足心理需求，使人的身心需要在五味調和中得到統一。同時，避免五味偏嗜而引起相對應的臟腑受到損傷，失去平衡。

中國傳統的五味調和進食觀念，是對飲食五味的性質和關係深刻認識的結果，這種認識，在烹飪生產製作中體現出的主要是「本味」調和理論、「時序」調和理論、「適口」調和理論。

（一）「本味」調和論

中國烹飪「本味」調和理論就是要盡力讓烹飪原料的自然之味得到充分展示，並把握原料的優劣，全力滅腥去臊除羶，排除一切不良氣味。

「本味」之詞，首見於《呂氏春秋》。該書160篇，「本味」乃其中一篇。所謂「本味」，主要指烹飪原料本身所具有的甘、酸、辛、苦、鹹等化學屬性，以及烹飪過程中以水為介質，經火的大、小、久、暫加熱變化後的味道。正如清代袁枚《隨園食單》所說：「凡物各有先天，如人各有資稟」；「一物有一物之味，不可混而同之」，要「使一物各獻一性，一碗各成一味」；「餘嘗謂雞豬魚鴨，豪傑之士也，各有本味，自成一家」。他反覆強調烹飪菜餚時要注意本味。為使本味盡顯其長，避其所短，袁枚指出了選料、切配、調和、火候等方面要注意的問題，如葷食中的鰻、鱉、蟹、牛羊肉等，本身有濃重的或腥或羶的味道，需要「用五味調和，全力治之，方能取其長而去其弊」。

由於「本味」理論的影響，使得「淡味」、「真味」菜品不斷湧現，如各種鮮活原料烹製的菜餚正是以鮮美之「本味」得到人們廣泛歡迎的。

（二）「時序」調和論

調和飲食滋味，要符合時序，注意時令。這個觀點是根據春夏秋冬四時的變化，把人的飲食調和與人體以及天、地、自然界聯繫起來進行分析而得出的。調味之時序論，是由《周禮》和《黃帝內經》提出來的。

《周禮》中講調和：「凡和，春多酸，夏多苦，秋多辛，冬多鹹。調以滑甘。」《黃帝內經》則按陰陽理論，說明四時的氣候變異，能夠影響人的臟腑，同時聯繫人體、四時、五行、五色、五音，來論述天人之間與各方面的聯繫。而古代養生家更是以四時時序為調和之綱。

肴饌製作、菜餚搭配，講究時令得當，是中國烹飪生產的一大傳統特色。《飲膳正要》講四時的主食烹調應有所變化，以適應四時的溫涼寒熱。《隨園食單》所列有「時序須知」，對飲食調和的時令問題更是作了詳盡而周到的說明：「蘿蔔過時則心空，山筍過時則味苦，刀鱭過時則骨硬。」

時序理論對中國飲食的影響十分深遠。它講究時令飲食、重視季節食譜的設計與變化，促進了營養食譜和滋補飲食的發展，形成了流傳至今的按季節安排菜單的優良傳統。

（三）「適口」調和論

調味中的適口理論，用一句話來概括，即凡菜品之適口者皆為珍品。這是由儒家學者、追求美味的達官顯宦、富商大賈和文人學士中的老饕，在不同歷史條件和不同場合提出來的。古云：「口之於味，有同嗜也。」（《孟子・告子章句上》）意思是說，人們的口對於味道有著相同的嗜好。那麼，到底什麼是好的味道呢？「食無定味，適口者珍。」（宋林洪《山家清供》）就是說，味道要隨個人的口味而定，「適口」便是好味道。

清代錢泳在《履園叢話》論治庖時說：「烹調得宜，便為美饌。」「飲食一道如方言，各處不同，只要對口味。」「平時宴飲，則烹調隨意，多寡鹹宜。但期適口，即是佳餚。」曹慈山的《老老恆言》強調：「食取稱意，衣取適體，即是養生之妙藥。」這些「適口」調和理論，都是具有現實和代表意義的。

適口調味理論的發展，也促進了中國不同地域的風味特色的形成，各地不同風格特色菜品的創製，正是依循不同地域的特性，而烹飪者必須根據不同客人的生活喜好製作不同口味特色的風味佳餚。

二、食治養生的配膳方法

中國有幾千年的飲食文化傳統，自古就十分注重飲食配膳。飲食能養生治病，亦能傷身致病。正如醫聖張仲景所說：「若能相宜則益體，害則成疾。」由於每個人的年齡、性別、體質及所處時空環境不同，所以一日三餐需要進用什麼性味的食物，才能適合五臟及身心的需求是不相同的。當人體受到病源侵襲後，其陰陽、表裡、虛實、寒熱就會失去平衡，這時就需要運用食物有的放矢地調理：「辛甘發散為陽，酸苦湧泄為陰，鹹味湧泄為陰，淡味滲泄為陽。六者或收或散，或緩或急，或燥或潤，或軟或堅，以所利而行之，調其氣使其平也。」（《黃帝內經・素問・至真大要論》）不同體質、不同疾病的人應選用不同的性味食物調養各個不同臟腑的平衡，就需要吃適宜各臟腑「所入」、「所嗜」性味的穀、果、肉、蔬。因此，我們必須合理配膳、講究烹飪、食飲相宜、調養脾胃，還需要有良好的進食習慣。中國傳統的飲食理論有許多是很符合膳食健康的。

（一）主副食比例搭配適當

中國古代就已注意到主食與副食的平衡搭配，「肉雖多，不使勝食氣」，即所食動物性食物不應超過植物性食物。綜觀中國中醫文獻，自古以來評論人體健康狀況時，常用精、氣（氣）、神充足來描述身體健康。精、氣（氣）是生命的支柱，在這兩個字中都包含有「米」字。我們祖先又有「世間萬物米為珍」之語。可見中國先民從生活實踐中已認識到五穀雜糧是須臾不可離的主食，主食、副食比例適當是保障營養平衡的基礎。

（二）注重菜餚的葷素搭配

自古以來，中國飲食就講究合理的調配。葷素之料的使用，強調以素為主，按規矩、循準繩、無偏過，方可有益於健康。在葷素配合中，蔬菜的總量要超過葷菜的一倍或一倍以上，是最符合營養要求的。透過對長壽地區的調查，證明以各類蔬菜瓜果為主者，多獲得了高壽。富含蛋白質的雞、鴨、魚以及各種肉類等食物屬於酸性食品，而瓜、果、蔬菜是食物中的鹼性食品。在日常生活中，應掌握膳食酸鹼的平衡，兩者不可偏頗。否則，將嚴重影響健康。

（三）提倡雜食和精粗結合

「稻粱菽，麥黍稷，此六穀，人所食。」《三字經》所謂雜食，就是說，對食物原料都要去品嘗食用，而不要有所偏嗜。每天的主食，不能單純，要雜合五穀，才符合人體營養的需要。在這些穀物中，有精、粗之分，一般認為上等的粳米、麵粉為精糧、細糧，高粱、玉米、大麥等為粗食。提倡雜食與精粗結合，是因為粗糧的營養價值超過細糧。現代營養學家曾作過測定，同樣一公斤糧食，供給熱能較多、蛋白質含量較高的是　麥麵、糜子麵，其次為小米、玉米和高粱米，而米、白麵最低，而且前兩者的微量元素也比後者高出許多倍。所以，過於偏食、精食者，會產生營養缺乏症。故在《黃帝內經》中，就有「五穀為養……氣味合而服之，以補精益氣」的論述。

（四）強調食物的性味平衡

所謂「辯證用膳」，即指飲食營養也應結合四時氣候、環境等情況，作出適當的調整。由於四季氣候存在著春溫、夏熱、暑濕且盛、秋涼而燥以及冬寒的特點，而人的生理、病理過程又受氣候變化的影響，故要注意使食物的選擇與之相適應。

根據中國藥食同源的傳統理論，膳食的寒、熱、溫、涼四性必須保持平衡組合。食物有四種不同的屬性，如綠豆性寒無毒，清熱解毒，生津止渴；菊花苦平無毒，清熱明目；羊肉甘苦大熱無毒，補虛去寒。中國百姓夏天喝綠豆湯、菊花茶，冬天食涮羊肉，正是基於對這些食物功效的瞭解。

中國民間十分重視食性寒與熱的平衡，吃寒性食物時必須搭配些熱性食物：如螃蟹屬寒性，生薑屬熱性，吃螃蟹時要佐以薑末等。破壞攝食食物四性的寒熱平衡自然有損於健康。

（五）講究膳食五味的平衡

食物有酸、甘、苦、辛、鹹五味，中醫學主張飲食的五味要配合得當——五味調和，相得益彰，否則就會使某一味的作用過偏。日常膳食中，酸、甘、苦、辛、鹹五味調配得當，可增進食慾、有益健康，反之則會帶來弊端。《黃帝內經》非常重視五味的調和，反對五味偏嗜。《黃帝內經・素問・五臟生成論》中說：「是故多食鹹，則脈凝泣（血流不暢）而變色；多食苦，則皮槁（皮膚不潤澤）而毛拔（毛髮脫落）；多食辛，則筋急而爪枯（指甲乾枯）；多食酸，則肉胝胕（變硬皺縮）而唇揭（口唇掀起）；多食甘，則骨痛而髮落，此五味之所傷也。」從現代醫學的角度來看，中醫學五味調和的觀點也是符合科學道理的。

（六）適時而食與飲食有節

古人主張「先飢而食，先渴而飲」，關鍵是「適時」，這就是飢和飽的平衡原則。也就是說，不要等到十分飢渴時才飲食，飲食要定時、定量，否則容易引致疾病的發生。如果飲食缺乏時間性，「零食不離口」，必然會使胃不斷受納和消化食物，而得不到休息，久而久之就會引起消化功能失常，出現食慾減退和胃腸疾病。另外，飲食、配膳、調味也要講究時令。

中國古代醫書《黃帝內經・素問》提出「飲食有節」、「無使過之」的觀點。節食主要是指數量而言，要求飲食要控制數量，以不過量為宜。關於「節食」的論述，古代有很多精闢的見解。如「食無求飽」、「不欲過飢，飢則敗氣。食戒過多，勿極渴而飲，飲戒過深」等。飲食適度，就能不傷脾胃，其養生作用有二：一則可保障脾胃運動功能的正常，提高攝取食物的消化、吸收率；再則可以減少胃腸病的發生，對減肥也有一定的幫助。

本章小結

中國傳統美食十分豐富，數千年的文明史孕育了博大精深的烹飪文化。本章系統地敘述了中國烹飪與美食的優良傳統、烹飪文化的基本特徵以及烹飪美食的主要來源和配膳特點。其中的優良之處，值得後人繼承和發揚，並在此基礎上不斷發揚光大，使烹飪生產走上科學化與藝術化完美統一的道路，造福於人類。

思考與練習

1.烹飪文化的主要特徵有哪些？

2.闡述烹飪文化的基本要素，並就其中一點作具體分析。

3.華夏美食有哪些優良傳統？

4.中國美食來源於不同地區，結合本地談談區域美食的形成原因。

5.舉例說明傳統的進食觀念對菜點製作與風格的影響。

6.中華民族傳統的配膳特點是什麼？有哪些合理性？

目錄
前言
第一章
第二章
第三章
第四章
第五章
第六章
第七章
第八章

第 2 章　中國烹飪的起源與發展

本章重點

中國烹飪有著悠久而輝煌的歷史，千百年來在歷史的長河中不斷演變發展，形成了博大精深的內容。不同的歷史時期，到底產生過哪些輝煌的成就？在烹飪技藝方面都有哪些突出貢獻？這是本章將要講述的主要內容。

內容提要

透過學習本章，要實現以下目標：

●瞭解中國烹飪的不同發展時期

●掌握不同時期烹飪技術的突破

●瞭解古代主要烹飪理論的貢獻

●瞭解現代烹飪發展的新特點

中國烹飪源遠流長。在漫長的歷史中，中國烹飪經歷了從無到有、從簡單到複雜、從低級到高級的演變發展過程。在不同的時期，先輩為我們留下了許多寶貴財富，顯示出不同時期的光彩。本章將對每個時期在食物原料、炊飲器具、烹飪技法、菜點食品、烹飪著述、飲食市場諸方面進行闡述，以揭示中國烹飪形成、發展的歷史軌跡，分析中國烹飪獨有的文化內涵。

第一節 烹飪的萌芽時期（史前至新石器時代）

中國，是人類的搖籃之一，是世界四大文明古國之一。在距今170萬年左右，當時的人們已在這塊土地上活動、生息、繁衍。雲南元謀、陝西藍田、北京周口店等地古人類文化遺址的大量發現，充分說明了中國是一個歷史悠久的國家。

一、火的發明

當時人們最初的飲食生活相當簡陋，餓了，就去捕捉飛禽走獸，捕撈魚蟲蚌蛤，採集根莖野菜，採摘果蔬種子。他們完全依靠獲得的動植物充飢，使用一些粗笨的打擊工具，依賴群體的力量互相協作，過著原始、粗陋的生吞活嚼、茹毛飲血的生活。《禮記・禮運》篇記載：「古者未有火化，食草木之實，鳥獸之肉，飲其血，茹其毛。」說的就是上古時代的生活。

「上古之世，人民少而禽獸眾，人民不勝禽獸蟲蛇。」（《韓非子・五蠹》）這時的人類為了求得生存，與動物野獸在深山、野林常常進行你死我活的爭鬥，生命得不到保障，生活也得不到保障，捕得多一食盡飽，捕得少餓著肚皮，加之果蓏、蚌蛤，腥臊惡臭傷腹胃，疾病甚多。人們為了防止野獸的侵襲，「寒則穴處洞中，熱則巢居於樹上」。這就是歷史上所說的構木為巢、壘石為窟以避群害的「有巢氏」時代，這個時代是沒有烹飪可言的。直到人們開始用火烤熟食物，這種情況才開始改變。

火，雖然在人類出現之前就存在於地球之上，然而人類祖先使用火卻經歷了不知多少萬年的漫長歲月的摸索。開始，也許是因森林遭雷擊引起大火、火山爆發引起大火，或在石油或天然氣滲出時因高溫而引起火，或在潮濕而悶熱的區域因某些種類的煤與空氣接觸自燃起火等。原始人開始對火是沒有感覺，不會利用的，居住在森林中的原始人，一旦遇到自然火燃燒，便紛紛逃出森林，等大火基本熄滅以後，他們回來時，發現森林中很多被燒死的動物已經毛光肉焦，而且散發香氣。人們在飢餓之中偶然食用，覺得這些熟肉比生肉滋味美得多，並且易嚼、易消化。這種現象重複了千萬次，經過了若干萬年，人們才懂得草木燃燒發火，才懂得火的高溫能烤熟食物，才認識了火源和火的重要性。

人類祖先學會用火是十分不易的。他們逐漸學會了用乾草和樹枝在天然火的灰燼中接取、保留火種，保持常年不斷的火堆來燒烤食物，用火取暖，並驅趕野獸。但因雷電擊燃樹木、森林，自燃的機會很少，加上雨雪大風的影響，保留火種又十分不易，同時，人類生活居住不定，常要出去覓食，故吃熟食的情況仍然不是十分普遍和經常的事情。

人類知道了火的重要，又經過若干萬年的實踐和總結，發現了石塊摩擦能起火，在用石片削製木頭時，又發現木頭和石塊摩擦也能發熱生火。

中國先民用火烤熟食物的傳說，在2000多年前的《周禮・含文嘉》中就有記載，說：「燧人氏鑽木取火，炮生為熟，令人無腹疾，而有異於禽獸。」這就是中國歷史上傳說的鑽木取火以化腥臊的「燧人氏」時代。《古史考》說：「燧人氏鑽火，始裹肉而燔之，曰炮。」這便是中國烹飪中用火烤燒技術的起源。

據考古學家考證，在「北京人」的洞穴中，也發現了用火的痕跡，木炭、灰燼、燒石、燒骨等堆在一定的地區，疊壓很厚，顯然這不是野火留下的痕跡。這種現象證明北京人不僅在使用天然火，而且已能有意識地對火進行控制使用。據考古學界推斷，距今50餘萬年的北京周口店「北京人」遺址是迄今為止全世界已知的、人類最早用火烤熟食物的發現。

人類對火的掌握和使用，是人類發展史上的一個里程碑，使人類進化發生了劃時代的變化，人類從此結束了「茹毛飲血」的矇昧生活時代。火，不僅可以為人類照明、取暖，還可成為人類與野獸爭鬥的武器。有了火，人類可以吃熟食，熟食易於消化，這對人體更好地吸收食物的養分，促進人類體質的發展，特別是腦的發展，有重要的作用。火化熟食，也使人類擴大了食物的來源，減少了疾病，使食物柔軟，吃起來很香，並減少進食時間。火的使用，是人類生活經驗的累積，是人類在征服自然的進程中所取得的偉大成果。所以，恩格斯指出，火的使用「第一次使人支配了一種自然力，從而最終把人與動物分開」。

自從人類懂得攝取熟食以來，就有了烹飪術。中國考古學家發現，雲南元謀人遺址就有用火的證據。迄今為止，世界各國還沒有發現比這更古老的人類用火的歷史。可以說，當時的人們是世界上最早學會用火的民族。

目錄 前言 第一章 第二章 第三章 第四章 第五章 第六章 第七章 第八章

二、烹飪器具的產生

當時的人們最初學會用火烤熟食物的這種「炮生為熟」的生活持續了相當長的歷史階段。在這漫長的燒烤食物過程中，有時燒焦了不好吃，聰明的祖先想出了用泥土和水揉成一定的形狀，把食物放在上面擱到火上焙烤，經火燒烤後，這些泥土變得堅固不漏水，並且可以長久地使用。在長期的實踐中，人們從中得到啟發，後來根據生活的需要，燒製成多種式樣的器具，用於烹飪食物、保藏食品和飲品。最初的器具，是飲、食、器共為一體的。由此，陶器也就產生了。《黃帝內經》曾記載：黃帝斬蚩尤，因作杵臼，斷木為杵，掘地為臼，以火堅之，使民舂粟。「掘地為臼，以火堅之」，便是燒製陶器的原始器具。

陶器的發明也就是烹飪器具的誕生，是人類在自然界中求取生存時一項劃時代的創造，它標誌著人類進入了新石器時代。烹飪器具的誕生，使人類熟食的方法發生了新的變革。由炮生為熟到能夠蒸煮食物，烹飪技術獲得了突破性的發展，產生了各種燒、煮、焖、煨等烹調方法，使人類飲食得到了根本的改變。

在陶器沒有發明之前，人類還不懂得儲水和儲存穀物。傳說，那時燒飯的方法是「加物於燧石之上」，或「以土塗生物」放在火上燒烤，或把灼熱的石塊投入有食物的水中，一直到水沸食物煮熟為止。自從有了陶器用具以後，人類的生活有了許多方便。可以用陶土製成炊事用的罐、鼎、釜、甑，以蒸煮各種食物；還製成飲食用的碗、缽、盆等；或製成儲藏東西用的釜、罐和汲水用的各種瓶等，給炊事活動帶來了許多方便。

關於陶器的發明，恩格斯在《家庭、私有制和國家的起源》一書中論述說：「可以證明，在許多地方，或者甚至一切地方，陶器都是由於用黏土塗在編製或木製的容器上而發生的，目的在使其能耐火。因此，不久之後，人們便發現成型的黏土，不要內部的器具也能用於這個目的。」陶器首先燒製出來的是具有炊具和食具雙重作用的陶罐，以後逐步由陶罐分化演變出專門的炊具和多種缽、盆、盤、碗、碟一類的器皿食具來。因此陶器問世之日，也是食具誕生之時，它是繼石器之後人們最早生產出來的生活用具。

陶罐最早演變出來的是釜和鼎，還有鬲（ㄌㄧˋ）、甑（ㄗㄥˋ）、甗（ㄧㄢˇ）、斝（ㄐㄧㄚˇ）、　（ㄍㄨㄟ）等。釜狀如陶罐。以後在釜下加了三條腿就成了鼎，再將鼎足改造做成中空的錐狀袋足，也就形成了鬲的形狀。由此可見，陶器的發展是經過陶罐到釜、釜到鼎、鼎到鬲這樣一個過程的。這些炊具都各有各自的用途，如鼎主要用於煮肉，相當於今日的炒菜鍋；鬲是當時煮糧食用的飯鍋；甑的底部有許多小孔，置於釜或鬲上配合使用，是蒸食物的最原始的籠屜。而甑和鬲相結合就構成了甗，也就是最早的蒸鍋，它們的名稱和式樣雖然與現在的鍋有區別，卻都是今天各種鍋的祖先。

三、爐灶的誕生

在新石器時代，尚未出現壘砌的爐灶。在西安半坡遺址中，有一種雙連地灶，是在地上挖兩個火坑，地面兩坑相隔，地下兩坑相連，兩坑相通的洞口很似後來的灶門，雖然結構原始簡陋，但比起平地上點火堆進步多了。因為兩坑相通，在進柴和發火處之間沒有通道，有吸風撥火的作用，使柴禾燃燒比較充分，可以提高火溫；火在坑中四面有壁，火熱容易上揚，火力集中，利於在火邊烤炙食物，而火勢不逼人，比較安全；火在坑中聚氣蓄熱，不僅火焰可用，餘燼亦可用，提高了火的利用率，這就是最初的爐灶雛形。當時人們僅在地上或住房中間的地上挖成一兩個圓形或瓢形的灶坑來生火，並用它取暖、做飯兼帶照明。

新石器時代最初使用的炊具，除了釜是圓底像陶罐以外，其餘都是三條腿。這三足鼎立式的鍋的造型設計，正是配合了當時的爐灶要求。這樣，鍋能穩固地放在火上做飯，而且還能隨意地把它放在其他地方直接在底下生火做飯，即使沒有爐灶，也可以把飯做熟，使之具有鍋、灶二者結合的作用。隨著製陶的發展，爐灶又有新的變化，製造出用陶土燒成的輕便小陶爐，這小陶爐正面有一個加火的爐門，上面的灶口在接近邊沿處的內壁上還做了三個用以支撐的乳突，可將釜放在上面配套使用。小陶爐可隨意搬動，用起來十分方便。

四、調味品的出現

遠古時代，當時的人們不知道製作調味品，那時的飲食是單調的。陶器產生以後，促進了調味品的產生與發展。《淮南子・修務訓》記載著在伏羲氏和神農氏之間，諸侯中有宿沙氏（夙沙氏）始煮海作鹽。《世說新語・作篇》說：「夙沙氏煮海水為鹽。」可見早在新石器時代，中國東部海濱的夙沙氏族已發現煮海水為鹽的方法，而沒有陶器是煮不成海水鹽的。有了鹽，才有了所謂調味。熟食加上調味，人類食品開始豐富多彩。鹽不僅是調味的基本原料，而且鹽能和胃酸結合，加速分解肉類食物，增添滋味促進吸收。鹽是人類增強體質的一個積極因素。烹飪加上調味，人類食物有了多樣化的必要條件。有了鹽，食品的儲藏加工更方便。鹽的使用，在烹飪中是繼火的使用後的第二次重大突破。從此，中國原始的「烹飪技術」出現了。

陶器的產生，促使了調味品的不斷增多，特別是酒的出現。據考古學家鑒定，酒的出現時間很早，在人類尚未誕生之前，它就早已存在於地球之上了。出現最早的是天然果酒。在自然界中，一些野果成熟後，只要遇上適當的條件，其中所含的果糖經過酵母菌的分解作用，就能生成酒精而變成天然的果酒。人類出現以後，受到含糖野果自然發酵的啟發，特別是在人類發展到開始從事農業生產和糧食有了剩餘以後，逐漸認識並掌握了發酵技術。晉人江統《酒誥》記載：「有飯不盡，委之空桑，鬱積成味，久蓄氣芳，本出於此，不由奇方。」加之陶器作為容器不漏水、耐溫、耐酸，有利於食物發生化學變化，促進了發酵食物的產生。新石器時代釀酒技術的產生，使調味品又有了新的品種。在中國新石器時代遺址中發現了許多尊、罍（ㄌㄟˊ）、盉（ㄏㄜˊ）、杯之類的陶土酒器，說明當時的人們早在那時就已學會了釀酒，並開始用陶土燒製各種酒具了。

除此之外，新石器時代出現了原始的農業和畜牧業。謀食的方法，已脫離了採集經濟時代，進入了生產時代；換言之，當時人們已不單靠天然現成食物為生，而能利用人工培養食物為生了。他們已經知道飼養動物，栽種植物。飼養的動物，有豬、牛、羊等，其中以豬占首位；栽種的植物，有粟、稻、白菜、芥菜、葫蘆、酸棗等，以粟種植最早。至於居住，則有比較完整的村落。生產工具除石斧、石錛、石刀等外，還有專用作收割穀物的石鐮和蚌鐮，穀物加工的工具有石磨盤、石磨棒等，用來去除穀皮。當時還有彩繪的陶器，人們稱之為彩陶。

有些地方彩陶的造型和紋飾十分精緻美觀。從此，當時的人們開始告別簡陋的野蠻生活，真正進入意義完備的烹飪時代。

第二節 烹飪的形成時期（夏商至秦）

從夏到秦，中國的烹飪技術得到了迅速的發展。各種銅製的烹飪工具的出現，切配工具、加熱工具的改進，使菜餚製作趨於精細。這一時期，不僅宮廷、官府中有專職庖廚，民間也有「沽酒市脯」的「庖人」專司飲食業。在飲食烹飪方面，複雜的烹飪技術產生了，而且烹飪成為一項專門的技藝。

一、夏代的烹飪情況

西元前2100年左右，是中國夏王朝的開始。從此原始社會解體，中國的歷史進入第一個階級社會，奴隸社會。歷時471年的夏王朝，有文字記載很少。《史記・龜策傳》有夏桀作瓦屋之說。1921年，安特生在河南省澠池縣仰韶村採掘得石器、骨器、單色陶器及彩色陶器甚多。陶瓦之器是當時夏代常用的東西，並出現了帶耳的陶鬲。

在夏代，手工業有很大的發展，最重要的是青銅手工業，青銅是銅和錫的合金，當時已能根據器具的不同用途，配合不同的銅錫比例。在夏代文化遺存的「二里頭文化」遺址中，發現有用青銅鑄造的爵、鈴、刀、鏃、錛、鑿、鋸等。《左傳》宣公三年有「昔夏之方有德也，遠方圖物，貢金九牧，鑄鼎象物，百物而為之備」的記載，這說明夏王朝興盛的時候，青銅的冶煉和鑄造技術已經有了較大的發展。青銅鑄造技術的出現，標誌著中國的歷史已經進入了文明時期。

夏朝的土地實行國有制，據認為保留了夏朝一些史料的《夏小正》一書，就反映了這一情況。書中所談到的農、牧、漁、獵生產及物候、天文、氣象等知識，可說明夏代的一些情況。從《夏小正》中可以看出，夏代的烹飪原料較過去有很大的發展，蔬菜有了韭和蕓（蕓薹、油菜），瓜果有了梅、杏、棗、桃，糧食作物有了黍、菽、糜（粟）、荼（稻）、麻。這些作物至今仍是中國栽培的重要農作物。

在夏朝的國家組織中，有羲氏（掌政教）、和氏（掌農業生產），有牧正（管畜牧）、庖正（管膳食）、車正（管車服）、六卿（管軍事）。在夏代，就已建立膳食機構，並派人專管。可見當時的飲食烹飪已有一定的規模了。

夏王朝自禹至桀，共十七代君主。第六代君主少康即位，史稱「少康中興」。據載，他幼時生在田家有仍氏，後來做有仍氏偽牧正。東夷族伯明氏的寒浞殺掉了少康的父親夏后相，少康逃奔到有虞氏處避難，在有虞氏處做了庖正，即專門掌管庖廚。那時庖正是要與庖廚一起幹活的，所以有人說少康也算廚師。以後他在夏眾和夏臣的幫助下，滅寒浞父子，重新掌握了夏的政權。他是中國歷史上第一個有年代可查的廚師，而且是夏代的國王。這從另一角度可以說明夏王朝對烹飪技術是相當重視的。

二、商代的烹飪發展

到了商代，中國生產力有了進一步的發展，並有了文字材料的記載，這就是甲骨文。它為中國研究商代的歷史和烹飪技術提供了可靠的資料。

農業是古代生產的決定性部分。在商代，見於甲骨文的已有黍、禾、麥、米、麻、稻等文字。農具除木、石製成的以外，已開始使用較簡單粗糙的金屬工具，也開始用牲畜拉犁耕田。在卜辭中有囿、圃、果樹、栗等字，開始有了菜園和果園。商代奴隸主貴族飲酒之風極盛，卜辭中除提到酒之外，還有醴和鬯（音唱，古代祭祀用的一種酒）。而黍是主要的釀酒原料，故而卜辭中有較多關於黍的記載。

商代人除經營農業外，也飼養牛、馬、豬、羊、雞、犬等家畜家禽。據甲骨文中記載，那時，已是馬、羊、牛、雞、犬、豕六畜俱全了。在商代遺址中還發現鏃、網墜等漁獵工具和獸骨、魚骨，表明漁獵在民間仍有經濟上的意義。卜辭中關於漁獵的記載很多，獵取的野獸以麋鹿、野豬為最多。

商代的手工業由於脫離農業生產的專業隊伍的組成，所以發展很快。青銅鑄造業、製陶業、釀酒業等比夏代都有一個新的飛躍。僅在殷墟一地出土的青銅禮器，就有數千件之多。其中婦好墓的隨葬禮器就有近200件。禮器以酒器為主，種類有爵、角、斝、盉、觥、卣、尊、壺、彝、罍、瓿、觶等。婦好墓中的酒器占全部青銅禮器的百分之七十。文獻記載說商朝奴隸主貴族嗜酒成風之事是可信的。此外，還有鼎、甗（蒸煮用）、簋（盛食物用）、盤（盥洗用）等。

在商代，商業開始興旺起來，隨著商品交換的發展，飲食業也開始萌芽。這是商代手工業和農業初步分工的產物。《尚書・酒誥》說到西周初年朝歌一帶的商遺民「肇牽車牛遠服賈」的情況，據譙周的《古史考》中記載，周武王的軍師姜太公呂望曾「屠牛於朝歌，賣飲於孟津」。這些記載表明在商代的城鎮上，商業的萌芽和發展，已有了殺牛賣肉的「小販」，出現了賣肉食酒飯之類的店肆。

《呂氏春秋・本味篇》記述了3500年前商代名臣伊尹與商湯的一次對話，在這篇對話中，伊尹用談論美味的方法來勸商湯聽從自己的治國主張。文中提出了一份範圍很廣的食單，記述了商湯時天下之美食，還破天荒地提出了烹飪理論最重要的基本論點。《本味篇》成為中國歷史上最早的一部烹飪理論著作，而後來成為商湯宰相的伊尹則被人們尊為「烹調之聖」。他指出：「三群之蟲，水居者腥，肉攫者臊，草食者羶」「凡味之本，水最為始。五味三材，九沸九變。火之為紀，時疾時徐，滅腥去臊除羶，必以其勝，無失其理。調和之事，必以甘、酸、苦、辛、鹹。先後多少，其齊甚微，皆有自起。鼎中之變，精妙微纖，口弗能言，志弗能喻。若射御之微，陰陽之化，四時之數。故久而不弊，熟而不爛，甘而不噥，酸而不酷，鹹而不減，辛而不烈，淡而不薄，肥而不腴。」《本味篇》是古人對烹飪調味經驗的總結。

商代的烹飪原料進一步增多，許多商人，特別是統治階級對食物已開始考究起來。《本味篇》記載：「肉之美者，猩猩之脣，貛貓之炙，雋燕之翠，述蕩之擥，旄象之約；流沙之西，丹山之南；有鳳之丸，沃民所食。魚之美者：洞庭之鱄，東海之鮞，醴水之魚，名曰朱鱉，六足有珠百碧；雚水之魚，名曰鰩，其狀若鯉而有翼，常從西海夜飛，游於東海。菜之美者：崑崙之蘋，壽木之華，指姑之東，中容之國，有赤木、玄木之葉焉；餘瞀之南，南極之崖，有菜，其名曰嘉樹，其色若碧；陽華之芸，雲夢之芹，具區之菁，浸淵之草，名曰土英。和之美者：陽樸之薑，招搖之桂，越駱之菌，鱣鮪之醢，大夏之鹽，宰揭之露，其色如玉，長澤之卵。飯之美者：玄山之禾，不周之粟，陽山之穄，南海之秬。水之美者：三危之露，崑崙之井，沮江之丘，名曰搖水；日山之水，高泉之山，其上有湧泉焉，冀州之原。果之美者：沙棠之實，常山之北，投淵之上，有百果焉，群帝所食；箕山之東，青島之所，有甘櫨焉；江浦之橘，雲夢之柚，漢上石耳。」從伊尹列舉的原料，彙集的天下之美食，可充分看出人們當時所認識的食物範圍，也足以證明商代烹飪原料品種的豐富多彩。

三、周代的飲食規模

西元前11世紀，中國歷史進入西周時期。周初統治者吸取商紂因腐敗墮落而滅亡的教訓，在貴族當中反對飲酒和逸樂，提倡勤勞，出現了周初幾十年安定的「成康之治」。西周時期農業有了進一步的發展，農作物的種類不斷增多，主要的有黍、稷，此外還有稻、粱、麥、菽、蔬菜、瓜果等。用於手工業的桑麻和染料作物，種植也較普遍。在文獻中，有不少關於豐收的記載。例如《詩・周頌・良耜》中說：「獲之挃挃，積之栗栗。其崇如墉，其比如櫛，以開百室。」這是描寫莊稼豐收，糧倉之高如牆，糧倉之多如櫛。

在全國範圍內，出現了更多較大的城邑。在這些城邑的市肆上，不僅有珠寶象牙之類的貴重貨物，也有普通的飲食店和烹飪食品供應。周代的飲食業發展是很快的。原料十分豐富，葷食有六畜、六獸、六禽、水產等；蔬菜、果品也很豐富。調味品有了鹽，並且已懂得把酒應用到烹調上，如周代的「八珍」之一的「漬」，就是用香酒浸漬牛羊肉。周代已知道了製醋，有了醯人，這是專管皇家製醋的官。在未發明醋時，商代貴族以梅作酸，用以解膩。周代已有了油（膏）、醬、蜜、飴、薑、桂、椒等調味品。廚師們已把各種調味品和各種烹飪原料運用到各種烹調方法之中，並做出許多色、香、味、形俱佳的菜餚。《周禮・天官》就記載了中國最早的「名菜」——「八珍」：

淳熬，為稻米肉醬蓋澆飯；

淳母，為黍米肉醬蓋澆飯；

炮豚，為燒、烤、燉小乳豬；

炮牂，為燒、烤、燉小羊；

搗珍，為膾肉排，一說為早期肉鬆；

漬，為香酒浸漬牛羊肉；

熬，為五香牛羊肉乾；

肝膋（遼），為烤網油包狗肝。

除「八珍」之外，還有「三羹」、「五齏」、「七菹」等。

《周禮・天官》中已有「饈籩之食，糗餌粉餈」的記載。春秋戰國時期，屈原的《楚辭・招魂》中有：「粔籹蜜餌，有餦餭些」這樣的句子，餌、餈、粔籹、蜜餌、餦餭均為餅食名稱。這說明周代麵食糕點也已經有了一定的雛形。

從《詩經》、《周禮》、《楚辭》古文獻中，可以反映出當時烹飪技術和食譜方面的情況，看出當時食物原料和飲食生活的豐富多彩，以及當時的宴席盛況和飲食機構的龐大。據近人考證，《詩經》中提到的植物約有130多種，動物約200種。《周禮・天官冢宰》中記載，在為王室服務和飲食機構中，有22個單位，包括2332個工作人員。這一方面反映了中國周代烹飪的發展規模與食物原料的豐富，另一方面也反映了奴隸主貴族們的窮奢極欲。

值得一提的是，在西周官名中，已有膳夫等名稱，可見西周時期已有專門廚工了。並且，在宮廷服務的廚師分工很細，各司其職。如「膳夫」專管膳饈，「庖人」專管屠宰，「內饔」專管割烹，「外饔」專管祭祀割烹，「烹人」專管烹煮等等。從許多菜餚糕點看，周代的烹飪水準已經是相當高的了。

四、食療法的形成

夏商周三代，中國飲食衛生方面比前人有所進步和發展，特別是已經注意到利用飲食來治病。當時的人們在尋找食物的過程中，發現了許多食物有治療疾病的作用。「神農氏嘗百草之滋味……一日而遇七十毒。」可見，當時人們已經利用食物治病，遇毒而能治療。所謂「百草」，就是包括五穀、雜糧、蔬菜、水果以及花、鳥、蟲、魚、泥土、木質等，即今日之動物性、植物性、礦物性的食用原料和藥物性原料。從此飲食治療疾病之風開始盛行，這種方法經濟實惠，簡單易行，安全可靠，沒有或較小副作用。

進入周代，中國不僅有初步的食醫經驗的總結，而且在社會上出現了專門的從業人員。飲食治療已正式在醫學上設立專科。在周代醫事制度中，將醫業分為四大科目：一曰「食醫」，相當於現在的營養科；一曰「獸醫」；一曰「瘍醫」，相當於現在的外科；一曰「疾醫」，相當於現代的內科。食醫是專為宮廷帝王調劑飲食、研究飲食預防疾病和保健而設的。如《周禮・天官冢宰下・食醫》：「掌和王之六食，六飲，六膳，百羞，百醬，八珍之齊。凡食齊眡春時，羹齊眡夏時，醬齊眡秋時，飲齊眡冬時。凡和，春多酸、夏多苦、秋多辛，冬多鹹，調以滑甘。」這句話大意是：食醫，就是掌管王室人員飲食、搭配主食、副食、確定食譜的人。是掌管六種飯食、六種飲料、六種肉食、各種美味食品、各種醬食、八種珍貴的肉食的。在調和食物的冷熱溫涼時，要看食物的性質來決定，如固體的食物應溫食，羹類的食物宜熱食，醬類食物宜涼食，飲料則應寒食。食品的調味，也要注意根據四時季節的變化而進行，春季多用酸味，夏季多用苦味，秋季多用辛辣，冬季則重鹹味，但每種味都要留意配入滑潤甘美的食物以適合人的腸胃。

此外，周代在對主食與副食的搭配方面、調味方面也有研究。雖然這些理論有許多尚缺乏科學的說明，不夠完善，但值得我們去繼承、研究並改進。

這一時期的醫學注意飲食療法是很顯著的，如《周禮・天官冢宰》記載有「以五味、五穀、五藥養其病」。「瘍醫」有「以五氣（穀）養之；以五藥療之；以五味節之」的理論。還說：「凡藥，以酸養骨，以辛養筋，以鹹養脈，以苦養氣，以甘養肉，以滑養竅。」這不但說明藥物中有普遍可食的「五穀」、「調味品」，而且也說明了在當時已掌握了樸素的生理營養辯證關係。

當時的人們在認識到飲食療法的同時，還認識到了飲食衛生的重要性。春秋時代的孔子，就是一個很重視飲食衛生的代表。他說：「食饐而餲，魚餒而肉敗，不食，色惡，不食，臭惡，不食，失飪，不食，不時，不食。」（《論語・鄉黨》）意思是說：飯因天氣悶熱放得過久而變味不要吃，魚爛了、肉腐敗了不要吃，不新鮮的食物顏色因變質而難看了不要吃，氣味變得難聞了不要吃，夾生或燒焦糊的烹飪不當的食品不要吃，果實不熟、食物未到能食之時不要吃。這都是符合飲食衛生要求的。

從藥物的角度來講，自古醫食同源，食藥同用。《神農本草經》所列365種藥中，至少一半以上既是藥物又是食物。《黃帝內經・五常政大論》說：「大毒治病十去其六，常毒治病十去其七，小毒治病十去其八，無毒治病十去九，穀肉果菜，食養盡之。」就是說藥物去病之後，應以食療調養收功。正如俗語說的疾病的治癒在於「三分治療，七分調養」，這調養當中，主要是食療。

五、南北風味的形成

根據史料記載，中國地方風味流派的萌芽時期是比較早的。先秦時，南北風味的地方特色已見端倪。從當時的情況來說，戰國時期是漢族文化圈急劇膨脹的時代。北方領土的擴大，黃河流域諸侯國的興盛，在飲食上形成了北方的風味。西周宮廷菜餚的典式《八珍》、《禮記・內則》上的北方食單等，其用料多為陸產，其製作多依殷商。過去在漢民族文化圈外的長江流域以南地區，此時發展較快，吳、越、楚等諸國興盛，也曾經創造出《楚辭》一類璀璨的文學作品，從《楚辭・招魂》中，我們可以看到南方菜的特色，以水產禽類居多。《呂氏春秋・本味篇》是呂不韋集門客所作，呂不韋則近似廣東、福建人的口味，書中所列蛇、貍等野生動物較多。由此看來，南北兩種地方風味的分野是十分明顯的。

我們看一看《楚辭・招魂》中當時吳楚貴族的南味名食：「室家遂宗，食多方些，稻粢穱麥，挐黃粱些。大苦鹹酸，辛甘行些。肥牛之腱，臑若芳些，和酸若苦，陳吳羹些。胹鱉炮羔，有柘漿些。鵠酸臇鳧，煎鴻鶬些。露雞臛蠵，厲而不爽些。粔籹蜜餌，有餦餭些。瑤漿蜜勺，實羽觴些。挫糟凍飲，酎清涼些。華酌既陳，有瓊漿些。歸反故室，敬而無妨些。」

辭中菜品的大意是：家裡的餐廳舒適堂皇，飯菜多種多樣；米、小米、新麥、黃粱隨便你選用；酸、甜、苦、辣、濃香、鮮淡，盡會如意侍奉。牛腿筋閃著黃油，軟滑又芳香。酸、苦兩味調和好，獻上吳地的羹湯。燒甲魚、烤羊羔，蘸上清甜的蔗糖。炸烹天鵝、紅燜野鴨、鐵扒肥雁和大鶴，配著解膩的酸漿。滷汁雞、燉大龜，味道濃烈不傷胃。蜜黏米粑、蜜餡的餅，又黏又酥香。玉色的果子漿，真夠你陶醉。冰鎮糯米酒，透著澄黃，味醇又清涼。歸來吧！老家不會使你失望。

這些食單告訴我們，當時南方楚國貴族的飲食情況：從食物類型看，有主食、菜餚、點心，還有飲料；從口味上看，酸、甘、苦、辛、鹹五味俱全，從烹飪方法看，有胹、有羹、有炮、有酸、有煎、有露（滷）、有臛，運用了各種烹調技術。這都反映了當時吳楚一帶的飲食風味和特色，表現了南方的文化風尚和烹飪藝術成就。

六、烹調技術初步發展

先秦時期，烹飪風格初步奠定，從《周禮》、《禮記》等古籍中可以發現其中還有不少科學的精華。許多經驗一直被後人所借鑑。這一時期烹飪技術的發展主要表現在以下幾個方面。

（一）注意原料的選擇與加工

《禮記・曲禮》中記載：凡是祭祀宗廟的典禮，牛要用一頭大蹄子的壯牛，豬要用硬鬃的肥豬，羊要羊毛細密柔軟的，雞要叫聲洪亮而長聲的，狗要吃人家剩菜剩羹長大的，鮮魚要魚體挺直的，酒要用清酒而不是濁酒等。在加工原料方面也有記載，如《禮記・內則》中說，肉要剝皮脫骨，魚要去鱗及去內臟，棗要先去掉表面的灰塵，桃子要將絨毛拭刷掉。這種去粗存精、去廢留寶的經驗產生於2000多年前，應該說是非常寶貴的。其中若干做法至今仍在採用。

（二）重視刀工切配與火候

中國烹飪中的刀工技藝由來已久，在殷墟出土的文物中，就發現有很薄的銅刀。在當時已有技藝超群的刀工大師。如《莊子》「庖丁解牛」中的庖丁「手之所觸，肩之所倚，足之所履，膝之所踦，砉然響然，奏刀騞然，莫不中音」，刀過之處，「遊刃有餘」，真不愧是一代名師。在火候方面，當時也積累了不少經驗，如《本味篇》中強調「五味三材，九沸九變。火之為紀，時疾時徐，滅腥去臊除羶」，說明當時已懂得文火、武火的運用。把火候說成滅腥去臊除羶的「綱紀」，這無疑是正確的。

（三）講究食物配伍與調味

在中國先秦時期，食物的配伍已有一整套的經驗，《周禮・食醫》記載：「凡會膳食之宜，牛宜稌，羊宜黍，豕宜稷，犬宜粱，雁宜麥，魚宜苽。」在調味品配合方面，如「膾，春用蔥，秋用芥。豚，春用韭，秋用蓼。脂用蔥，膏用薤，三牲用藙（茱萸），和用醯，獸用梅」。《國語》中指出：「以和五味以調口」、「味一無果」。即是說先有五味和，然後才可以果腹，只有一種滋味，是不完美的。《荀子・禮論》中有「芻豢稻粱，五味調香」，這也是強調味性的重要。

（四）宴會的盛行

先秦時代，在宮廷中宴會已開始盛行。春秋戰國時，宴會的規模已發展較大，式樣也相當多。從《詩經》中可見一斑。「大雅」是多用於國家大典的宴會歌詞；「小雅」則是多用於一般貴族和宮廷的一種宴會歌詞。國家的禮節儀式，貴族的冠、婚、喪、祭、燕、饗，都是宴會的重要內容，對烹飪方面都有一定的要求。據《周禮・天官冢宰・膳夫》中記載：「凡王之饋食用六穀，膳用六牲，飲用六清，饈用百有二十品，珍用八物，醬用百有二十甕」，「王日一舉，鼎十有二，物皆有俎。」春秋戰國時期的宴會菜餚非常豐盛，「食前方丈，羅致珍饈，陳饋八簋，味列九鼎」。

（五）精湛的烹飪器具

從原始社會的陶器生產，發展到春秋戰國時期銅、鐵的生產，烹飪器具有很大的改進。商代出現了「玉鼎」、「象箸」等高級食具，周代的要求更高了。1978年在湖北省隨縣曾侯乙墓出土了由兩件容器套疊而成的冷藏「冰鑒」，外容器名曰「鑒」，內容器名曰「鈁」。它是中國戰國時期很精緻的「冰箱」。它是用冬天埋藏在地下的冰塊，夏季挖出來，放在「鑒」中「鈁」外，用冰塊包圍「鑒」中之「鈁」，以達到製冷的目的。這樣，「鈁」中所置的食物和飲料，也就可以達到降溫保鮮的效果。

我們古代最早的炒爐，出自距今2400多年前的春秋戰國時代，它也是從湖北隨州曾侯乙墓出土的。其形似雙層盤，上層為盤，下層為爐。出土時，上層盤內裝有魚骨，下層爐盤已燒裂變形，並有木炭。它是中國目前發現最早的炒爐之一。

從夏至秦，中國烹飪技藝已初具一定的水準。烹飪原料的增多，烹飪器具的發展，烹飪工具的改進；烹飪技術的講究，著名「八珍」的出現，以及飲食療法的盛行，這一切均表明烹飪技藝比新石器時代有了較大的發展。這個時期已經出現了蒸、煮、炮、燴、烤、炙等種種技法，並出現了豐富多彩的宴會形式，烹調已成為一項專門的技藝，為以後的烹飪發展奠定了基礎。

第三節 烹飪的發展時期（秦漢至隋唐）

從秦漢到隋唐，經歷了封建社會的發展時期，在近千年的歷史進程中，封建王朝盛衰更替數經反覆，烹飪技術在起伏中不斷向前發展。這時期鐵器取代了青銅器，鐵器炊具更利於烹飪操作。對外貿易的交流，進一步豐富了中國烹飪的食物原料。中國多民族的統一，使中國國內烹飪技藝得到了交流。特別是許多烹飪著作的出現，使中國的烹飪技藝開始了從技術到學問研究的新階段。為中國烹飪的發展開闢了廣闊的前景。

一、烹飪原料的豐富

秦漢以來，中國的生產力有了很大的發展，人們的飲食水準相應提高，出現了許多新的烹飪原料。據歷史考證，當時與烹飪原料有關的作坊與店鋪，就有釀酒坊、醬園坊、屠宰行、糧食店、薪炭店、油鹽店、魚店、乾果店、蔬菜水果店等等。

在漢代，蔬菜種植業很發達，據《鹽鐵論》載：僅冬天就有葵菜、韭菜、香菜、薑、木耳等，還有溫室培育的韭黃等多種蔬菜。漢代以前，烹製食物純用動物脂肪，到了漢代，植物油（首先是豆油、芝麻油）登上了灶台。

兩漢時期，中外經濟文化交流出現了新局面，漢使通西域輸出了絲綢等手工業品，同時也輸入了胡瓜、胡豆、胡桃、胡麻、胡椒、胡蔥、胡蒜、胡蘿蔔、石榴、菠菜等多種蔬菜、油料及調料作物的種子，給中國烹飪提供了新的物質條件。

相傳漢代淮南王發明了豆腐。1959～1960年，在河南密縣發掘的一號漢墓中，有一塊製豆腐作坊石刻，它是一幅描繪把豆類進行加工，製成副食品的生產圖像。看來，豆腐的生產早在漢代就已出現了。

素菜的發展在漢代是一個大的飛躍，從此以後，素菜正式登上筵席餐桌，成為人們歡迎的菜品。東漢初年佛教傳入中國，開始有了「寺院菜」。

秦漢時期，調味品不斷增加，出現了豉和蔗糖，這一時期人們還提出了許多調味理論。至魏晉南北朝，調味品已比較豐富了，如植物油（如麻油等）、糖（如飴餳、蜜、石蜜等）、醬（如豆醬、麥醬、肉醬、魚醬、蝦醬等）、豉、齏、芥醬等的運用。此外，在烹調時，有時還把石榴汁、橘皮、蔥、薑、蒜、胡芹、紫蘇、胡椒等物作為調味料放入菜餚中。

隨著航海業的發展，隋代已開始食用海味。唐代捕獲的海產魚類更多了起來。唐代進入食譜的海產有：海蟹、比目魚、海鏡、海蜇、玳瑁、蠔肉、烏賊、魚唇、石花菜等。一些珍奇異味，比如石髮（髮菜）、蝙蝠、駝峰、蜂巢、象鼻、螞蟻、蜜唧（老鼠）、江珧柱（干貝），也在一些地方進入筵席。

值得重視的是北魏時期的農業科學家賈思勰撰寫的《齊民要術》一書，內容廣泛豐富，從農、林、牧、漁到釀造加工，直至烹調技術都作了專門介紹，書中所敘述的原料更是豐富多彩，禽畜魚肉、五穀果蔬等幾乎面面俱到。它反映了當時中國北方發達的烹調技術，在中國烹飪史上具有繼往開來的作用。

二、烹飪用具的改進

春秋戰國時期出現了鐵器，經過秦漢帝國，鐵器逐步取代了銅器。從秦至西漢時期，鐵釜、鐵刀、鐵叉、鐵勺等炊具已普遍使用。中國的炊具從陶器時代、銅器時代發展到了鐵器時代。鐵製刀具比銅刀具更耐磨損，更鋒利，對於廚師改進刀工技藝，是十分有利的。鐵的炊具（如釜之類），不但導熱性能適中，用起來不燙手，而且鐵鍋一般很結實，經得起磕碰，放在灶上比較穩固，所以深受歡迎。漢代鍋釜之類，已逐步向輕薄小巧方面發展。鐵製炊具的普遍使用，小釜取代大釜，為中國烹飪中的炒、爆、煎等烹調技術提供了有利條件。這是炊具的一大進步。

灶的改進由先秦時期的地灶、陶灶，到秦漢時期，已出現了銅灶和鐵炭灶。銅灶的器形較大，灶面呈三角形，並有圓柱形的煙囪。鐵炭爐的出現，説明「煤」在當時已用於爐灶。這一時期的灶與以前相比，有兩個明顯的進步：一是多眼灶的出現，二是灶煙囪的改進。據專家考證，秦漢以前，有的灶無煙囪，有些灶則用直煙囪，都不安全。到漢代，已有「曲突」灶的煙囪，有的還高出屋頂，比較安全，且抽風起火性能好，而旺火高溫不僅可以加快烹調速度，而且還可以提高烹調質量。

到了魏晉南北朝時期，在烹飪器具和糧食加工器具方面都有很大的改進，出現了「平底釜」、「銅爨」（音竄）等。「銅爨」是類似鍋的一種少數民族的銅製炊具，薄且輕。銅易於導熱，烹調食物極其方便，這就是中國最早的「銅火鍋」。「平底釜」為煎、貼等烹調方法的發展帶來了方便。此外又出現了「青瓷灶」和「甑釜」等。在糧食加工工具方面有了「水碓」、「水碾磑（磨）」、「絹篩」等。飲食器具中出現了名貴的金銀器、琉璃、瑪瑙等製品。

進入隋唐時代，「伐薪燒炭南山中」的賣炭翁漸漸多了起來。據《隋書》載，人們「溫酒及炙肉用石炭」。比較講究的人家開始用炭火烹製食物，而且有了專門從事燒炭的行業。五代時，引火技術也有了發展，出現了世界上最早的火柴。據《雲仙雜記》載：「夜中有急，苦於作燈火之緩，有智者批杉條、染硫黃，置之待用。一與火遇，得燄穗然，既神之，呼引光奴。今遂有貨者，易名火寸。」這表明：五代時，中國不僅發明了火柴，而且市場上已有此物出售。後來用磷製造的「洋火」，則是在中國火柴的基礎上改進和發展的。

在飲食用具上，商用的青銅器，到秦漢逐漸走下坡路，越鑄越少，大鼎變小鼎、小鼎變小釜、銅釜變鐵釜。許多青銅製的餐具從貴族的筵席上取走，一度取而代之的是木製漆器食具。這是因為銅器本身存在著弱點，一方面銅製食具容易引發中毒，另一方面中國銅礦石蘊藏量比較稀少，冶煉成本亦較高，一般人家使用不起，因此，漢代就產生了漆器食具。但兩漢以後，人們在食用中發現了漆器既不耐用，又不衛生，成本高、價格貴，尋常人家也用不起，所以漆器又被淘汰。

秦漢之際，中國製陶技術已相當高明。從秦始皇兵馬俑中可以看出。到了隋唐，出現了唐三彩、唐五彩等彩釉陶器，再進一步，出現了瓷器。瓷器取料方便，造價低廉，易於大量生產。它耐酸、耐鹼、耐高溫和低寒，沒有青銅器和漆器那樣的弊病，非常衛生。由於製瓷業的發展，瓷器開始成為飲食盛器，並被普遍運用。瓷器器皿乾淨美觀，作為炊食器皿可使菜餚大為增色，從此，中國烹飪中之「色、香、味、形、器」五大屬性完全具備了。

三、烹飪技藝的發展

秦並六國之後，徙六國貴族富豪12萬戶於咸陽，使中國國內烹調技術得到交流。兩漢時「絲綢之路」的開通，東漢時佛教的傳入，民間食物原料的增多，也使飲食烹飪得到了新的發展。

從後漢到晉初這段時期的畫像石或畫像磚來看（這段歷史有人稱為畫像石或畫像磚的時代），已有了反映飲食烹飪生活畫面的畫像石、畫像磚，有廚師燒煮、烹割圖，貴族宴會圖，收割脫穀圖等等，無不栩栩如生。山東諸城出土的漢墓畫像石，上有宰牲、飲爨、釀造等組畫。如宰牲方法，宰羊用刀捅；宰牛、豬時，先用錘或棒將牛、豬砸昏後再殺。從這些畫圖中可以看出秦漢時期烹飪技術的高度發展、經濟的繁榮以及廚師的繁忙情景。

這一時期烹飪技藝的發展還表現在廚膳勞動分工日趨周密精細上。漢代出現了兩大分工：一是紅、白案的分工，一是爐、案的分工。如從山東省博物館陳列的兩個廚夫俑可以看出，一個是做魚的廚夫俑，一個是和麵的廚夫俑，按當今廚師分工來說，即一個是紅案廚師，一個是白案廚師。在四川德陽出土的東漢庖廚畫像磚上可以看到，那時在大一些的廚膳中，切配加工的與烹調食物的，即案板廚師與爐灶廚師，兩者也是有分工的。另外，從陶俑上看，此時的廚師已有了專門的工作服、圍裙和護袖，這樣從事烹飪操作既乾淨又利索，有利於提高工作效率。

烹飪的兩大分工，促使了烹飪技術的進一步提高。《淮南子》有這麼一段記載：「今屠牛而烹其肉，或以為酸，或以為甘，煎熬燎炙，齊味萬方，其本一牛之體。」由此看出，就好似我們今天的「全牛席」，用一條牛體，能夠用不同的烹調方法做出不同口味的菜餚，而且達到「齊味萬方」的水準。在漢代，不但烹製菜餚的技藝相當精湛，而且麵點技術也不斷提高，有關麵食的文字記載增多，並出現了「餅」的名稱。另外出現了麵條（初稱湯餅、煮餅）、餃子及發酵麵製品（如饅頭）。在糧食製品方面出現了雕胡飯、胡飯、粽子、胡麻一類的製品。

隋唐時代，菜點發展又出現了新的局面，廚師們創造出了許多精美的肴饌美點。最有代表性的是唐五代尼姑梵正製作的「輞川小樣」大型風景拼盤。此拼盤仿唐代詩人王維晚年所居的「輞川別墅」，該別墅周邊山巒蒼翠，泉水潺湲，有輞水、欹湖、椒園等20景之勝。梵正用醬肉、肉乾、魚鮓、醬瓜之類的食物，一一將輞川20景在食盤中拼製出來。分開是20小盤，每盤1景，合起來則是一幅大風景拼盤。

在麵點製作方面，水準也是相當高的。《清異錄》列舉的「建康七妙」，可以反映出當時南京廚師的烹飪水準。「齏可照面，餛飩湯可注硯，餅可映字，飯可打擦、擦台，濕面可穿結帶，醋可作勸盞，寒具嚼者驚動十里人。」這就是說：碎切搗爛的醃酸菜，平勻得像鏡子一樣可以照見人面；餛飩湯清如潔水，可以注入硯台磨墨寫字；餅很薄，如蟬翼，下面的字可以映出來；飯粒光滑，擦台上不碎不黏；面韌如裙帶，打成結也不斷；陳醋醇美香濃，能當酒喝；饊子又脆又香，嚼起來十里內的人們都可以聞到香味而驚動。這當然有些誇飾，但也從另一個角度反映了當時南京廚師烹飪水準之高。

這一時期的烹飪技藝發展是很迅猛的，僅就《齊民要術》中提到的食譜與名菜、名點就相當可觀，許多是珍奇罕見的。謝諷的《食經》、段成式的《酉陽雜俎》、鄭望之的《膳夫錄》等著述都大量記載了當時的食物、名產、名菜點及烹飪技藝知識。

另外，在南北朝時期的菜餚中，人們開始有意識地使用色素，使食品增加美感。唐代點心餡中出現了豆沙。涼菜也開始出現，唐人在盛夏時有吃「冷麵」的風俗。

四、發達的飲食業

秦漢至隋唐時期，農業和手工業有了較大的進步和發展，隨著都市的擴大，商業的繁榮，酒樓、飯店日益興旺起來。

漢初劉邦遷徙「六國強族」十餘萬人口於關中，其中也包括了不少大商人。到「文景之治」之後，社會生產力得到了較大的發展，都市經濟空前繁榮。有關漢代飲食業的情況記載很多，如「殽旅重疊，燔炙滿案」、「眾物雜味」等。據說，司馬相如就曾在臨邛開酒店，自己「著犢鼻褌，與保庸雜作」，「而令文君壚」。《漢書・食貨志》載：「酒家開肆待客設酒壚，故以壚名肆。」據考證，這時期已有賣冷食的冰室。張衡《東京賦》云：「於南則前殿靈台，和歡安福，謻門（冰室門邊）曲榭。」這可算是一個證據。可見當時的飲食業已經逐步發達起來了。

秦漢以後的魏晉南北朝時期，是中國各族人民的文化、藝術、風尚大交流、大融合時期。在烹飪飲食上，各民族把自己的飲食習慣、特點帶到中原地區。如西部新疆的烤肉、涮肉；東南江浙的叉烤、臘味；南方閩粵的烤鵝、魚生；西南滇蜀的紅油魚香等，大大豐富了中國的烹飪藝術，使中國飲食業出現了新的局面。中原都會飲食店增多，並出現了各種不同風味的飲食店。

隋朝大運河的開發，溝通了南北交通。唐朝社會生產力進一步發展，陸上海上交通發達，「絲綢之路」空前繁榮。社會安定，四鄰友好，農業、手工業和商業的發展都達到了空前的水準，飲食業出現了嶄新的局面。這時飲食業的經營方式靈活多樣，有行坊、店肆、攤販，還有推車、肩挑叫賣的沿街兜售小販等。唐玄宗執政後，以都城長安為中心，「東至宋汴，西至岐州……南詣荊襄，北至太原、范陽、西（南）至蜀川、涼府」，「夾路列店肆，待客酒饌豐溢……以供商旅」（見《通典・食貨典》）。可見唐代的飲食店肆在全國各地的普遍性。

唐代不僅飲食店肆分布極廣，而且大城市裡還有「夜市」，「月籠寒水夜籠紗，夜泊秦淮近酒家」（杜牧《泊秦淮》）。唐方德遠《金陵記》載：「富人賈三折夜方囊盛金錢於腰間，微行夜市中買酒，呼秦聲女，置宴。」在夜市可以辦酒宴，足見當時飲食行業是非常興旺的。

飲食業的繁榮與興旺，是與當時食物的多種生產方式和銷售特點分不開的。從當時市肆飲食的銷售特點來看，就有下列兩種好方式：一是按照時節供應。《古今圖書集成》載，開封閶闔門外交通要道口有一爿食店，人們稱之為張手美家。張的食肆，水產陸飯，隨需而供，每逢一節日，他家便專賣一味名食，門前車水馬龍，使整個東京城都轟動。二是講究飲食質量，不斷創新，爭奇鬥勝。段成式《酉陽雜俎》載：「今衣冠家名食，有蕭家餛飩，漉去湯肥，可以瀹（ㄩㄝ丶）茗。庾家粽子，白瑩如玉。韓約能作櫻桃饆饠，其色不變。」不同的商家都顯示自家的特點，以招徠更多的食客。

飲食業的發展是同社會生產力的發展分不開的。從秦漢到隋唐，是中國封建社會的發展階段，特別是唐代的昌盛，為烹飪飲食的繁盛奠定了基礎，為以後的飲食業新面貌開闢了廣闊的道路。

第四節 烹飪的高度發展時期（兩宋至明清）

在兩宋至明清這段近千年的歷史過程中，社會動盪不安，內亂外擾頻仍。宋遼金元時代，北方歷經戰亂，生產時遭破壞，經濟發展較緩慢；而南方受破壞少，農業生產在前代的基礎上有較大的發展，經濟、政治、文化都進入到一個較高水準的發展階段。明代採取鼓勵開荒、興修水利等措施，促使農業生產不斷提高。伴隨著手工業的發展，出現了資本主義的萌芽。商業繁榮，出現了許多「萬家燈火」的城市。清朝「乾嘉盛世」時代，農業、手工業等有了較快發展，商業更加繁榮。從兩宋到明清，雖歷經戰亂，但經濟繁榮，生產發展是總的趨勢，烹飪飲食更加精美多樣，進入了完全成熟的時期。山珍海味入饌，素食清供有專品，注重飲食療法，飲食市場繁榮，各地方風味形成。廚事分工日益細緻，原料加工及保藏方法更加精良，菜餚製作更講究色、香、味、形，有關烹飪的著作較前代大有進步。顯而易見，這一時期的中國烹飪技藝已更加成熟，不僅超過前代，在中國烹飪發展史上大放異彩，還造成了承前啟後的作用。

一、烹飪技藝日益高超

在中國烹飪技藝中「器」的完美程度，對烹飪技術的應用發揮具有一定的影響。這一時期的器具更加雅緻精美，講究古樸象形，布局精巧，形制優美。烹調技術的提高，需要不斷地改進爐灶設備。金代出現了「雙耳鐵鍋」（近似於今天南方的鐵鍋）；宋代出現了鐐爐，這種鐐爐，外鑲木架，可以自由移動，不用人力吹火，爐門拔風，燃燒充分，火力很旺，清潔無煙，安全防火，且節省時間，易於控制火候，節柴、省時，用起來方便，為烹飪技藝的發展提供了良好的條件。在宋代人們還會使用多層蒸籠，並掌握了蒸的火功，這也從一個方面反映了當時的烹飪技藝水準。

宋元時期，人們已掌握了許多烹調「祕法」。如趙希鵠《調變類編》記載：「粥水忌增，飯水忌減」、「紅酒調羹，則味甜」、「煮肉投鹽太早則難爛，予以酒付之，則易爛而味美，將熟時，投酒一杯亦妙」。燒肉應「慢著火，少著水，火候足時味自美」。煮魚「以肥者勝，火候不及者生，生則不鬆；太過者肉死，死則無味。水多一口，魚淡一分。」從這些烹調「祕法」，可以看出當時的烹飪技藝水準以及廚師們的烹飪經驗。

宋元時期，「涮」的烹調方法出現，「燒烤」之法得到了進一步改進。南宋林洪的《山家清供》一書記載了一種名叫「拔霞供」的名菜。這種菜實為「涮兔肉」，在餐桌上使用邊煮邊吃的暖鍋，與後世的涮羊肉吃法大致相同。「燒烤」技術的發展，已不只是周代的「炮烊」、「肝膋」了，出現了「爊鴨」、「烤全羊」等燒烤技藝。

在素食方面，又有了新的發展。宋元時期，由於烹飪技術的提高，素食之風盛行。一部分士大夫總結飲食經驗，提倡以素食為主，主張蔬饌清供。南宋林洪的《山家清供》中大部分記述的是素食。這時期不僅素菜繁多，而且有素粥、素飯、素麵供應的餐館，糕點製作也更加精美。《武林舊事》記載南宋杭州的餅類有十幾種之多，並在江南一帶出現了蘇式月餅。元代，航海和水運業的發展，使中國的海味食源越來越豐富，如魚翅、燕窩、海參都已在元代和明代登上筵席。

遼金以來，特別是元代，是中國繼南北朝、五代之後的第三次民族大交融。中國北方的蒙、回、維吾爾等族南下東遷，西域各族有很多人到東南沿海，而中原世族大家南遷邊陲者也不少。明朝時，中國漢族食譜中就已經加入了不少各地民族的新菜單。到了清代，滿族入關，主政中原，發生了第四次民族文化大交融，中國食譜的內容也更加豐富多彩。到了宋代，川食、南烹之名正式見於典籍，不僅散見於名家詩句，而且也見於筆記、小說，在汴梁、臨安的飲食市場上已經出現了專營不同地方風味的酒樓。到元明清時期，特別是清代，中國的魯、川、蘇、粵四大風味流派都有明顯的發展。

在明萬曆年間，廚家已有一百零幾種烹飪術語。據明代宋詡記載，弘治年間上食譜的食物就有1300餘種，僅香料一項就有28種，到清代更多。在食品雕刻方面，宋代雕刻食品已成為席上時髦之作，並形成一種風尚。清代，食品雕刻在唐宋的基礎上又進一步發展，乾隆時，揚州席上出現了「西瓜燈」。北京中秋賞月，有的人家雕西瓜為蓮瓣，等等。食品雕刻不僅可以供食客觀賞，而且可以為席面增色。

在調味品方面，這一時期有了很大的發展。宋代出現的紅麴，到明代在江南盛行起來。明代出現的糟油、腐乳、草果、砂仁、荳蔻、花椒、蘇葉等也幾乎成了當時宮廷中不可缺少的調味品。

在宮廷筵席上，明代人往往喜歡討口彩，在菜盤上外加祝語，一般用竹籤書寫，而到了清代，喜慶祝語入饌之風盛行，在清宮廷甚至變成了典禮規格，而不像明代用竹籤。如記載的「大碗四品：燕窩膺字鍋燒鴨子，燕窩壽字三鮮肥鴨，燕窩多字紅白雞絲，燕窩福字什錦雞絲」，就是將用燕窩絲拼成的「膺壽多福」四個字，分裝在四種菜餚上，合成一條祝語。

二、飲食市場的新面貌

兩宋至明清時期的飲食行業隨著大都市的繁榮和各項手工業與商業的興盛，不論從經營的範圍，還是從經營的方式上來看，比起前代都有很大的發展。與唐代相比，也有很大的不同。唐代都市是「市」、「坊」分區，「坊」是住宅區，「市」是買賣行業聚集之地，交易營業有一定時間的限制。到了宋代，都市的情況已有很大的變化，一般都是「市」、「坊」不分。各行各業遍布於都城內外的主要街道。市坊的營業時間也無限制。在宋代，飲食行業已出現了嶄新面貌。

（一）經營項目多樣

宋元都市的餐館業有了很大的發展。多種酒樓、餐館、茶肆、食店星羅棋布。在經營項目上，有：酒肆，兼賣酒食；麵食店，經營麵食；葷素小吃店，賣各種葷素點心小食；售某種食物的專賣店（如胡餅店、餛飩店、饅頭店等）；以及茶坊（各種等級層次的）等。

（二）風味餐館林立

宋代開封、臨安（杭州）均有北食店、南食店、川飯店，還有山東、河北風味的「羅酒店」等。

（三）飲食檔次不同

宋代飲食市場上出現了三種類型的營業單位：一類是高級的酒樓，服務對像是達官貴人、文士名流；另一類是普通的或低級的酒店，「兼賣血、臟、豆腐羹、爊螺螄、煎豆腐、蛤蜊肉之屬，及小輩去處」；第三類是走街串巷的飲食擔子，這種叫賣，大都會裡有，中小城市裡也有。

（四）營業時間延長

宋代餐館業夜市已較盛行，從早到晚，營業不斷，甚至通宵達旦。《都城紀勝》中載：「某夜市除大內前外，諸處亦然。唯中瓦前最勝，撲賣奇巧器皿百色物件，與日間無異。其餘坊巷市井，買賣關撲，酒樓歌館，直至四鼓方靜；而五鼓朝易將動，其有趁賣早市者，復起開張。無論四時皆然，如遇元宵尤盛」。吳自牧《夢粱錄・夜市》篇中載：「杭城大街，買賣晝夜不絕。夜交三四鼓，遊人始稀。五鼓鐘鳴，賣早市者，又開店矣。」

（五）服務方式靈活

飯店不但在街上、店內為顧客服務，而且走出酒樓餐館到顧客家裡承辦筵席。為了適應當時社會的需要，臨安就出現了「筵席假賃」、「四司六局」的新局面、新事物。各司各局分工精細，服務合作，各有所掌。有了有條有理的分工協作、工作程序，舉辦筵席便忙而不亂，井井有條。

（六）花色品種繁多

如吳自牧《夢粱錄・分茶酒店》篇中，記載了各式各樣的食品。其中明顯標明的「羹類」食品就有30多種。可見當時經營品種花樣繁多，名肴美點齊全，應有盡有。

（七）門面裝飾講究

為了招徠顧客，讓顧客吃得舒適，宋代人把餐館內外裝飾一新。南宋臨安「中瓦子前武林園，向是三元樓康沈家在此開沽店，門首彩畫歡門，設紅綠杈子，緋綠簾幕，貼金紅紗梔子燈，裝飾庭院廊廡，花木森茂，酒座瀟灑。」在雅座裡面，「張掛名畫，所以勾引觀者，流連食客」。

（八）服務熱情周到

客人進店後，先打招呼，安排座次，然後擺上筷子及擦筷子紙，問客人吃什麼酒、菜。酒餚上桌，均有一定的次序。比如開封、臨安「凡點索食飲，大要及時，如欲速飽，則前重後輕，如欲遲飽，則前輕後重。」這個上菜程序至今還在酒席上沿用。

宋代張擇端的《清明上河圖》生動而真實地描繪了北宋汴京沿汴河自「虹

橋」到水東門內外的生活面貌和酒樓、餐館繁榮的景象。

進入元明清以後，中國食譜的內容就更加豐富多彩了。北京飲食市場上的食品十分豐富，各地民族的飲食已大量在市場上出現。「回回飲食」、「女真食饌」、「畏兀兒（維吾爾）茶飯」、「高麗糕點」與漢食一起前所未有地出現在飲食市場上。

明太祖朱元璋定都南京，仍取用南宋之法，由官府興建酒樓。皇帝宴請文武百官由朝廷出錢，不是在宮中，而是在酒樓上，以此來刺激都市飲食業的發展，這是唐宋時期所沒有的。南宋時，出現了商業與文化生活自發結合的現象。而到了清代，演變成某些飲食業主的自覺「生意經」，在劇場、書場、商業區熱鬧的地方開設飲食店，「時值五月，看場頗寬，列座千人，庖廚器用，亦復不惡。計一日內可收錢十萬。」（清・孫枝蔚《溉堂前集》）這種把娛樂活動與飲食買賣結合起來，把劇場與飯店放在一起的辦法，興旺了飲食業。後來，這種做法在南北各地城市中也逐漸流行起來。

明清時期，飲食業與旅遊業的結合興旺起來。最有代表性的是中國的船宴。當時各地的旅遊船宴名目繁多。有官宦人家自己定做的官船，船艙中有食有座有床，起居十分舒適；也有船家製造，包給官家作水路交通的；而比較多的則是在旅遊風景之地的水道上經常來往的旅遊客舟。像揚州、蘇州均有「沙飛船」，特別是在風景秀麗、河網較多的江浙一帶，諸如南京的秦淮河、杭州西湖、揚州瘦西湖、蘇州虎丘、無錫太湖等地均有可以供饌的遊船。《揚州畫舫錄》載朱竹垞《虹橋詩》云：「行到虹橋轉深曲，綠揚如薺酒船來。」乘上這種遊船，人們身處船中，不僅沿途風光一船覽之，而且江南佳味一路嘗之。這種朵頤之福，吸引了不少雅士和名流，由此，船宴漸漸得到發展，船宴菜點也興旺發達起來，成了一種專門的風味美食。

明清時供朝野人士設宴的旅遊客舟，像「沙飛船」，船體華美寬敞，大的船可容三席，小的亦可容兩筵，船上裝飾精美典雅。遊人一邊觀賞美景、談笑風生，一邊投壺勸吃、行令猜枚。清人沈朝初《憶江南》詞說得好：「蘇州好，載酒卷艄船。幾上博山香篆細，筵前冰碗五侯鮮，穩坐到山前。」

清道光年間，蘇州虎丘還出現過旅遊餐館，旅遊旺季開業，淡季歇業。清代的飲食業中，由寺院經營的素菜館和各地民族經營的風味菜館也很興旺。晚清的「小吃」在城市飲食行業中也占相當的比重。

鴉片戰爭以後，中國逐漸淪為半殖民地半封建社會。西方的飲食經營者，將「西餐」引入中國。在一些通商口岸、城市和一些有外事活動的大都會，出現了兼營中西大菜的餐館。中國烹飪技術由此也傳到世界各地。特別是在通商口岸，像廣州、上海、天津等地，中國飲食得到更大的發展，很多外國人把中國烹飪技術帶回中國國內，華人在國外辦的中國餐館更受到各國人民的歡迎。

三、《飲膳正要》與《隨園食單》

從兩宋到明清，這一時期中國烹飪理論已達到相當高的水準，《飲膳正要》與《隨園食單》是這一時期較有影響的專著。

《飲膳正要》是元代烹飪理論的代表，是延祐年間飲膳太醫忽思慧所作。這本書集食療理論之大成，在當時是為元朝宮廷服務的飲食典章。該書把有益於補益身體、防治疾病、簡便易行的食療方劑蒐集在一起，堪稱中國第一部營養學專著。

《飲膳正要》全書共分三卷。第一卷主要闡述「養生避忌」、「妊娠食忌」、「乳母食忌」、「飲酒避忌」和「聚珍異饌」等。第二卷為「湯品」、「四時所宜」、「五味偏走」，講述食物的利弊、相剋、中毒解毒法和「食療諸病」等。第三卷敘述米、穀、獸、禽、魚、果、菜、料物等八種品類，共二百餘種。

《飲膳正要》的成就還表現在從營養衛生的角度提出了不少關於健康的重要觀點，如重視日常食物的搭配以及如何保留這些食物的營養價值等，這就使它具有很高的實用性。宮廷裡的養生食療風氣也逐漸影響到士庶民眾，特別是明代宗把《飲膳正要》刊刻問世，更促使朝野人士重視食療，並成為當時一種好的飲食風氣。《飲膳正要》「序」中寫道：「保養之法莫若守中，守中則無過與不及之病。調順四時，節慎飲食，起居不妄，使以五味調和五臟，五臟和平，則氣血資榮，精神健爽，心志安定，諸邪都不能入，寒暑不能襲，人乃怡安。……飲食百味，要其精粹，審其有補益助養之宜，新陳之異，溫涼寒熱之性，五味偏走之病。若滋味偏嗜，新陳不擇，製造失度，俱皆致疾。」這種營養學觀點是具有現實意義的。另外，他還強調了嚴格的飲食衛生制度，這些都是值得我們今天借鑑的。

《隨園食單》是中國古代較優秀的談及烹飪理論的專著，作者是清朝著名的詩人、文學家和美食家袁枚。這本書的優秀之處，就是把各種烹飪經驗兼收並蓄，將各地風味特點匯融一冊，既有具體的操作過程，又有精闢的理論概括，理論與操作結合，把操作中的普遍性、規律性的東西抽象出來成為理論。它密切聯繫實際，把中國的烹飪理論推向發展的高峰。它深入淺出，道理說得深透，所以得到人們的廣泛喜愛。

《隨園食單》全書分須知單、戒單、湯鮮單、江鮮單、特生單、雜性單、羽族單、水族有鱗單、水族無鱗單、雜素菜單、小菜單、點心單、飯粥單、茶酒單共14單。

「須知單」和「戒單」兩篇集中闡述了烹飪的理論，這些理論大都是作者從實踐中向廚師們學來的，「餘……每食於某氏而飽，必使家廚往彼灶觚，執弟子之禮。四十年來，頗集眾美。」後面12單主要是菜單。該書中以很大篇幅記載了中國18世紀中葉（有些個別食品上溯到明、元時代）的326種菜餚、飯點和茶酒。它從菜點的原料選擇、初步加工、切配、調味烹製，直到菜餚的上桌次序，從菜點的色、香、味、形，到器皿、作料，都作了全面的論述。這裡既有寺院菜點，又有滿漢食饌，既有前人經驗，又有當時名廚祕法和本人的創見，從各個角度按照烹飪的全過程，全面、系統、深刻地闡述了烹飪法則，自成一家之說，論述十分精闢。

從宋元到明清，這一時期的烹飪論著相當豐富。著名的還有宋代孟元老的《東京夢華錄》、吳自牧的《夢粱錄》、周密的《武林舊事》、耐得翁的《都城記勝》、西湖老人的《西湖老人繁勝錄》、沈括的《夢溪忘懷錄》、林逵叟的《本心齋蔬食譜》、林洪的《山家清供》、趙希鵠的《調燮類編》等，元代倪瓚的《雲林堂飲食制度》、無名氏的《居家必用事類全集・飲食類》、賈銘的《飲食須知》、無名氏的《饌史》等；明代劉基的《多能鄙事》、宋詡的《宋氏養生部》，高濂的《遵生八踐・飲饌服食部》、韓奕的《易牙遺意》等；清代章杏雲的《飲食辯錄》、顧仲的《養小錄》、曾懿的《中饋錄》、童岳薦的《調鼎集》、李漁的《閒情偶記・飲饌部》等。這一時期的烹飪論著如此之多，反映了中國的烹飪技藝達到了空前的高超水準。

第五節 烹飪的創新開拓時期（近現代烹飪）

進入近現代時期的中國烹飪，在國際上的影響已顯現出來。食物與醫療養生的結合，各民族食品的多彩多姿，食品烹飪著述繁多等等，都堪稱世界之冠。尤其是中國烹調技術，風味獨特，絢麗多彩；中式菜點，香飄五洲，美不勝收，成為中國文化寶庫中的一顆光輝璀璨的明珠。正如孫中山先生在《建國方略》中的評價：「中國近代文明進化，事事皆落人後，唯飲食一道之進步，至今尚為文明各國所不及。中國所發明之食物，固大盛於歐美；而中國烹調之精良，又非歐美所可並駕」，「近年華僑所到之地，則中國飲食之風盛傳。在美國紐約一城，中國菜館多至數百家，凡美國城市，幾無一無中國菜館者，美人之嗜中國味者，舉國若狂」。

一、烹飪原料的引進與培植

近現代時期的中國在食物原料方面，比以前更加豐富多彩，全國各地、世界各地有名的食物原料源源進入各地的飲食市場。近年來，全國飲食原料的生產、製造和管理正朝著多樣、天然方向發展，農、林、牧、副、漁各業紛紛利用生物工程技術、無公害栽培管理技術、天然及保健生產技術開發和生產了一批批田園美食、森林美食和海洋美食，建設並規範了無公害果蔬基地、禽鳥生產基地、放心肉定點屠宰加工場所和綠色食品研究及製造定點企業。

（一）優質烹飪原料的引進與利用

近十多年中國提倡優質高效農業，從世界各國引進了許多優質的烹飪原料。動物性原料有蝸牛、牛蛙、珍珠雞、肉鴿、鴕鳥、鮭魚、澳洲龍蝦、象拔蚌、皇帝蟹、鱈魚等；植物性原料有玉米筍、小番茄、夏威夷果、豌豆、綠花椰菜、洋蔥、洋薑、朝鮮薊、蘆筍、孢子甘藍、鳳尾菇、奶油生菜、結球茴香等。這些動植物原料經過科學研究人員的馴化、培植與利用，已大量地用於烹飪生產中。每一種原料在烹調師的研究與開發中都製作出許多系列的新品種、新風味。

（二）珍稀原料的種植與養殖

1950年代以後，科學研究人員利用先進的科學技術對一些珍稀動植物原料進行人工培植和養殖，獲得了成功。如今，人工培植成功的珍稀植物原料有猴頭菇、銀耳、竹笙、蟲草及多種食用菌；人工飼養成功的珍稀動物原料有鮑魚、牡蠣、刺參、湖蟹、明蝦、鱖魚、中華鱘、河豚等。這些珍稀原料的培植，能夠更多地滿足眾多食客的需求。如鮑魚，常棲息於海藻叢中、岩礁的海底，但天然產的鮑魚數量有限，因此價格十分昂貴，歷代皆視為珍品。自1970年代以來鮑魚經人工養殖成功，產量逐步增長，使更多的人得以品嘗到美味。

（三）加工原料更加廣泛而科學

當前，醫學和營養學的研究已經取得分子水準的突破。這一劃時代的成就，為人們按照健康目標開發和生產各種食物，烹製和製作各種健康食品，提供了理論指導。食物的烹調方法也在不斷優選和革新，改進那些對人體不利的因素，使食品既保持原有的風味效果，滿足人們的食慾需求，又可以保障食用的健康。方便食品、營養食品、功能保健食品、速凍食品等工業製成品已進入人們的一日三餐。食品工業的飛速發展，標誌著中國飲食開始步入更高更自由的美食境界。

二、工藝與設備的更新與發展

近現代中國烹飪，特別是改革開放以後的20多年來，在傳統製作的基礎上發生了潛移默化的變化，湧現出許多新的風格，展現出新時代的風采。在烹飪食品的加工與設計中，更加重視菜品的造型與出品效果，食品雕刻、冷拼、菜品的圍邊和熱菜的裝飾技術發展很快，從立意、造型、配色等方面，都注意表現時代精神和民族風格。而且還利用美學原理，借鑑工藝美術的表現手法，賦予菜品新的情韻，提高藝術審美價值。同時在餐具上也有很大的革新，流行色調明快的新工藝瓷和異型風格餐具，使美食美器相得益彰。

新時期烹飪風格的最明顯的特點是將菜品的製作用統一的數據和控制參數進行標準化、規範化的操作，以保持菜品生產規格的一致性；菜品的生產已逐步向簡易化方向演進；營養意識已逐步走進餐廳並走入尋常百姓家庭等，這是新時代烹飪生產與技術進步的體現。

（一）菜點製作開始向標準化靠攏

中國傳統的烹調生產是以手工操作為主，產品的配份、分量、烹製等都是憑藉廚師的經驗進行的，有相當的盲目性、隨意性和模糊性，影響了菜品質量的穩定性，也妨礙了廚房生產的有效管理。近十多年來，在廚房生產中，開始對菜品質量的各項運行指標預先設計質量標準並根據標準進行操作，使廚房生產進入了標準化生產的運行軌道，在同一菜品中，保持始終如一的質量標準。這不僅方便了生產管理，也是對消費者的高度負責。

廚房生產標準化以標準食譜的形式表示出來，標準食譜規定了單位產品的標準配料、配伍量、標準的烹調方法和工藝流程、使用的工具和設備，這就保證了菜品質量的穩定性。由於對各項指標都進行了規定，廚師的工作有了標準，即使是重複運行的技術環節，也會因為標準統一而減少失誤和差錯。

（二）調味方式逐漸向統一配製轉變

在傳統手工操作方式中，調味容易產生偏離，時好時壞，尤其營業高峰期間的菜品，味道不穩定已成為一個通病。「調味醬汁化」，即將常用味型的調味品按標準方法配兑成統一的調味汁、醬，在生產過程中，以確保口味的一致性，並且方便成菜、快速烹調。

醬汁調製的定量化，使每一種醬汁調製都有相對固定的程序，只要掌握使用分量，就能保證味道的穩定。這種醬汁定量化的調製方式，不僅保證了菜品味道的穩定，而且可提高工作效率，在烹製菜餚時更加方便快捷。

（三）烹飪工藝開始重視並趨向操作簡便

中國烹飪技術精細微妙，菜品豐富多彩，烹調方法之多、之精在世界上是首屈一指的，但在自豪的同時也令人有些憂慮，這就是許多菜品烹調環節繁雜，時間過長，與現代社會節奏和時代要求漸顯矛盾。解決這一問題的最佳選擇就是簡化烹調工藝流程。

近十多年來，隨著社會的進步，以及快節奏的生活方式的需要、食品衛生與營養的要求，那些費時的、繁複的加工過程和烹調方法，那些需要十多道工序、要花幾小時才能完成的菜餚都漸漸被淘汰。一些既方便可口，又美觀保健的菜餚被廣大顧客和經營者所鍾愛。而那些展現烹飪之絕技的菜品只有在特殊的場合才偶爾用之。

（四）菜品特色由重視口味轉而更加重視營養

儘管我們講究食療、食補、食養，重視以飲食來養生強身，但傳統烹飪更多的以追求美味為第一要求，在加工烹飪時常常忽視食品的安全、衛生，致使許多營養成分損失於加工過程之中。如今，從餐飲業的配膳到家庭的飲食，都已開始講究食物的營養價值。比如不少餐廳有不同形式的營養套餐、營養菜品，以滿足不同消費者的需求，烹飪比賽已把營養作為評判的重要內容之一，民眾的口味習慣也由過去的香鹹、甜香型漸趨清淡型，從過去的「油多不壞菜」觀念開始向「油多也壞菜」意識轉變。

在新時期，人們的飲食已從過去的大魚大肉、重油重色的食風中改變出來，隨之而來的是新鮮的原料、合理的配膳、科學的烹調，利用不同的烹飪技法推出營養食譜、食療食譜、健美食譜、美容食譜、長壽食譜和養生食譜等。而且許多烹調師們已開始根據不同客人的生理特點合理配膳；菜單除了在食譜中標註食物名稱和價特別，也開始標明食物中各種營養物質參數、所含熱量及脂肪等方面訊息，以便消費者在點菜時各取所需。科學設計菜單已成為現代烹飪工作者的重要任務。

（五）廚房設備與工具的現代化

烹飪設備工具的不斷改良和更新是這時期的一個顯著特色。隨著烹飪生產和食品機械工業的迅速發展，以及人們對飲食環境和衛生條件的不斷追求，廚房、餐廳設備已步入科學化、現代化。中國高檔次的廚房、餐廳，設備先進，流程合理，排煙暢通，地漏無阻，窗明幾淨，一塵不染。特別是1980年代後，許多廚具公司研製生產出系列的中餐廚具設備，為中餐經營提高了規格和檔次。

廚房設備新品不斷湧現，方便了廚房生產，減輕了烹調人員的工作負擔，改善了廚房的衛生環境，提高了菜點的食品質量、工作效率和經濟效益。代表性的廚具機械有：蔬菜清洗機、切菜機、剁菜機、切片機、絞肉機、魚鱗清洗機、和麵機、饅頭機、餃子機、攪拌機以及電炒鍋、電煎鍋、多功能蒸烤箱、調溫式油炸鍋等等。

三、烹飪文化教育與研究新成果

在古代，由於歷史的侷限和科學技術的落後，許多烹飪著作中有很多烹調原理和製作方法，沒有條件作進一步的探討和科學的說明，特別是古代從事烹調工作的廚師，地位低下，沒有文化，儘管他們積累了豐富的實踐經驗，創造了豐富多彩的烹飪技藝，但因缺乏系統、全面的整理，不能把實踐經驗昇華為烹飪理論，使中國烹飪理論受到了很大的限制。1950年代後，黨和國家對這一珍貴的文化遺產，採取了繼承和發揚的方針，在全國各地創辦烹飪學校，一方面培養有文化的專業人才，一方面透過教學編寫烹飪教材；挖掘和整理大量的烹飪史料和烹飪典籍，創辦烹飪專業性雜誌。所有這些，都為研究中國烹飪理論創造了有利條件。

（一）興辦各類烹飪學校

為了更好地繼承和發展烹飪技術，從1950年代起，中國創建了烹飪這個新學科。經過幾十年的發展，80年代烹飪院校開始培養烹飪大專學生，90年代開始培養烹飪本科學生。目前，各種類型的烹飪院校遍及全國各地，培養各個層次的烹飪人才，有烹飪職業中學、技工學校、中專學校和高等院校。另外，許多在職的廚師，一批批地送到學校接受專業技術培訓，進行系統的文化知識、專業理論知識及基本技能的學習。這些從學校培養出來的專業技術人員，因為接受了較高的文化教育，提高了烹飪理論水準和實踐操作能力，對挖掘烹飪文化遺產、為新時代的烹飪科學現代化以及烹飪事業的發展是十分有益的。實踐證明，學校培養出來的專業人員具有一個共同的特點：理論水準好，技術提高快，創新能力強，又有一定的組織工作水準，他們正成為烹飪事業的核心成員和生力軍。

（二）創辦刊物，出版書籍

1980年代初期，國家和地方相繼創辦了烹飪專業雜誌，如，《中國烹飪》、《中國食品》、《烹調知識》、《中國食品報》、《美食導報》、《中國烹飪訊息》、《餐飲世界》、《美食》、《四川烹飪》、《烹飪學報》、《東方美食》、《飲食文化研究》、《美食天地》等雜誌相繼問世，成為行業技術交流和烹飪研究的園地，在中國內外引起了很大的反響。同時，各地還組織出版各類烹飪書籍，挖掘古代有關烹飪專著，組織人力編寫中等技術學校和高等學校的烹飪教材，編寫各地區菜系的食譜，編撰中國烹飪史和烹飪詞典等等。許多老師傅總結自己的事廚經驗，年輕廚師探究烹飪原理。據不完全統計，如今，全國各地編寫出版的烹飪典籍已有上萬種。中國烹飪事業出現了一個嶄新而喜人的景象。

（三）烹飪學科體系的建立

1950年代後，中國烹飪學科體系建設獲得了長足發展，相繼編輯出版了《中國烹飪辭典》、《中國烹飪百科全書》、《中華飲食文庫》、《中國食經》、《中國烹飪古籍叢刊》、《中華食苑》（10集）、《中國飲食史》（6集）等。還召開了一系列學術研討會，如中國烹飪學術研討會、中國快餐學術研討會、亞太地區保健營養美食學術研討會、中國飲食文化國際研討會等重要學術會議，在海內外影響深遠。各種烹飪學術研究著作成果豐碩，出現了百花齊放、百家爭鳴的大好景象。

在烹飪產品的研究方面，各地名菜名宴的開發產生了許多新的成果。孔府菜、仿膳菜、仿唐菜、仿宋菜、東坡菜、隨園菜、紅樓菜、金瓶梅菜等著名菜品的開發推出和全國各地的名宴席的研究與認定，都取得了很好的效果。目前中國烹飪史、中國烹飪學、中國烹飪工藝學三大主幹學科的初步框架已大體形成，預示著中國烹飪從「術」到「學」的質的飛躍。

本章小結

本章從不同的歷史時期系統闡述了中國烹飪的發展脈絡，從烹飪的基本要素火、器具、爐灶、調味品開始，依循歷史變遷對原料、用具、技藝、飲食市場和文化交流的各個方面進行敘述。前人為我們留下了許多寶貴的文化遺產，今天的一切進步都是在前人的基礎上的再發展，這就需要我們不斷地開拓、創新，去譜寫新的篇章。

思考與練習

1.中國烹飪發展大致可以分為哪幾個發展時期？

2.中國烹飪地方風味流派是怎樣形成的？

3.秦漢時期烹飪用具的主要特點是什麼？

4.闡述宋代飲食市場的發展狀況。

5.中國古代重要的烹飪著作的主要貢獻是什麼？

第 3 章 中國烹飪技術原理

本章重點

中國烹飪以其嚴格的選料、豐富的技藝、繁多的菜品、精湛的烹調水準著稱於世。本章從中國烹飪技術原理入手，分析中國烹飪技術的主要特色，探求中國烹飪技術的真諦。

內容提要

透過學習本章，要實現以下目標：

●瞭解烹飪原料的選擇與加工

●瞭解烹飪調味與火候的運用

●掌握菜品與餐具的匹配方法

●瞭解麵糰調製的不同性質特點

●瞭解菜點出新的基本思路

中國烹飪享譽世界，以選料嚴謹、技術精湛、風味多樣、菜品繁多而著稱。我們探求中國烹飪的真諦，掌握它的精髓，必須對中國烹飪自身的規律和基本特點有清楚的認識和理解。

第一節 原料選擇與科學加工

烹飪原料是生產製作菜餚的物質基礎，原料質量的優劣直接關係到菜餚的質量，因此，正確地選擇原料是烹飪工作的前提。由於不同的烹飪原料各有特點，在使用方面也就不盡相同。不同季節、不同部位的同一種原料，其風味特徵都不盡相同。

一種原料根據其部位不同可以製作出不同風味的菜餚，使菜餚品種多樣化，這是原料運用的結果。同樣，就某一種原料而言，運用不同的烹調方法、使用不同的調味品，也使菜品變化無窮。這一切都依賴於對原料的正確施藝和科學加工。

一、選料嚴謹

選料和施藝是烹飪技術的兩個關鍵。美味佳餚取決於廚師技藝的高低，而技藝的發揮則決定於原料的正確選擇和因材施藝。中國烹飪選料嚴謹、因材施藝的特點乃古之遺風。早在周代對祭祀宗祖的烹飪原料就有了十分嚴格的要求。在《禮記・曲禮》中有這樣的記載：「凡祭祀宗廟之禮，牛曰一元大武，豕曰剛鬣，豚曰腯肥，羊曰柔毛，雞曰翰音，犬曰羹獻，雉曰疏趾，兔曰明視，脯曰尹，祭槁魚曰商，祭鮮魚曰脡，祭水曰清滌，酒曰清酌、黍口薌合，粱曰薌萁，稷曰明粢，稻曰嘉蔬，韭曰豐本，鹽曰鹹鹺。」這些不僅符合科學的原理，而且對後世的影響極大。清代烹飪理論家袁枚對選料的論述更深刻，他認為：「物性不良，雖易牙烹之，亦無味也，」指出：「豬宜皮薄，不可腥臊，雞宜騸嫩，不可老稚；鯽魚以扁身白肚為佳，烏背者必崛強於盤中；鰻魚以湖溪游泳為貴，江生者槎枒其骨節；穀餵之鴨，其膘肥而白色，壅土之筍，其節少而甘鮮。」故而得出「一席佳餚，司廚之功居其六，採辦之功居其四」的經驗之談。

（一）注意品種、季節的選擇

中國烹飪選料嚴謹，首先表現在對原料品種、季節的選擇十分講究。中國烹飪原料廣泛，數以千計，原料品種質量各不相同，若隨意選擇用來烹調，即使名廚也難成美味。例如，常用原料中的雞，牠有仔、老之別，又有公、母、閹之異，更有肉用和卵用之分，其內在的質地、口味等屬性各不相同，如果烹製廣東脆皮雞，就必須選用仔雞，不然就達不到皮脆肉嫩而味鮮的質量要求；如果需要製作香味濃、滋味鮮的雞湯，就必須選用老而肥的母雞。再如鴨有普通鴨和填鴨等不同的品種，膾炙人口的北京烤鴨，就是選用專門人工填餵的優良品種北京填鴨作為原料的。牠膘肥而肉嫩，烤製後才能達到皮脆、肉嫩、油潤而鮮香的要求。聞名遐邇的南京板鴨，選用的是桂花鴨。因桂花盛開時正值秋高氣爽、稻熟鴨肥的季節，故名。用這種放養的麻鴨加工成板鴨，皮白、肉嫩無腥味。

季節不同，原料質量也有明顯的區別，因為原料有其自身的生長規律，即自身的興衰時期，旺盛期一過精華耗盡，質量就必然下降。如河蟹在不同的季節質量有明顯的差別，正所謂「九月團臍十月尖」。到農曆九月雌蟹已長得蟹黃豐滿而鮮美，十月雄蟹蟹油豐腴而肥壯，在這季節之前蟹殼鬆空，質量顯然遜色。此外，如春天的菜花甲魚、初夏的鰣魚、六月的花香藕、秋天的桂花鴨、冬季的山雞都是時令佳品，過時而味差。如蘿蔔過時則心空，山筍過時則味苦，刀鱭過時則骨硬，馬鈴薯過時則發芽，韭黃過時則成青韭，這都是季節的原因。雖然隨著科學技術的發展，在蔬菜方面有了溫室培植，但其質量與天然原料仍有差別。在動物性原料方面有了人工養殖，然其質量，尤其是其鮮美、本味與天然出產者無法媲美。

（二）講究產地、部位的選擇

同一原料品種，由於產地的不同質量也較懸殊，故各地有名產、特產之分。著名的江蘇陽澄湖清水大閘蟹，不僅以其金爪、黃毛、青背、白肚、蟹足剛健為特色，而且個大、肉肥、黃滿、膏豐、鮮嫩，暢銷中國內外市場。陽澄湖清水大閘蟹之所以有如此質量特點，皆得益於自然條件之優：陽澄湖的水質清澈見底，陽光照射透底，河床平滑堅實沒有汙泥，螃蟹生長在這樣的環境中，故青背白肚，蟹足堅硬有力，加之水草茂盛，飼料豐富，螃蟹肉實膏厚。同是鰻魚，產在湖泊、溪流中的鰻魚，腥味少而鮮嫩，而產於江裡的鰻魚骨硬而刺多。同是蝦，產於池塘沼澤地的河蝦，殼厚、色黑而腥味重，而產於江湖的河蝦殼薄、色佳、鮮味足。

有些原料根據其結構特徵和性質，可分為若干部位，而且每個部位的原料品質特點以及適用性都有些不同。豬肉在烹飪中是最為普遍的原料，然而部位不同質量相差很大，前腿肉精中夾肥、質粗而老韌，後腿肉精多肥少，脊背部的肉鮮嫩異常，要根據烹飪需要合理選用。有的宜爆炒，有的宜燒煮，有的宜醬滷，有的宜做餡料等。蓴（菜）用頭、韭（菜）用根、筍用尖，雞用雌才嫩，鴨用雄才肥，皆有它一定的道理。科學合理地選用不同部位，是中國烹飪技術的基本原則，也是中國烹飪選料的風格。

（三）根據營養衛生選擇

原料必須選擇無毒、無害的新鮮優質原料，符合應有的衛生要求。要能識別原料的生物汙染（如細菌等致病微生物等）、化學汙染（農藥殘留等），區別有毒的動植物（如河豚、苦杏仁、毒蘑菇等），區分不可用作原料的製品（如亞硝酸鹽、非食用色素、桐油等）和發霉、腐敗、變質、變味以及蟲蛀、鼠咬等原料，以保證原料的新鮮衛生，保障人體的健康。

原料選擇上不僅要求乾淨衛生，而且要求原料中所含的營養素的種類、質量、數量比例都符合人們的生理和生活需要。當時的人們曾提出「五穀為養，五果為助，五畜為益，五菜為充」的營養觀念。隨著科學的發展，烹飪的進步，烹飪選料多樣化、合理化、衛生化、營養化已成為中國烹飪技藝的重要內容。另外選料上還要重視原料感官性狀的選擇，使原料符合衛生要求，富含營養，以適應人體需要，易於消化吸收，充分發揮原料的食用價值。

二、因材施藝

因材施藝，既是中國烹飪的特點，又是歷代廚師的技藝結晶，也是衡量烹飪技術高低的重要標誌，可以說是形成菜餚品種多樣化的原因之一。因材施藝就是根據原料的特點，採用不同的烹法，巧妙地配製成美味佳餚。

（一）烹法因材而異

中國烹調師善於根據不同的原材料製作不同特色的菜品。如最普通的青菜，部位不同，就可製成各不相同的品種：菜心，可製成燉菜核、香菇菜心、孔雀菜心等；菜葉，可製成菜鬆、翡翠燒賣、雞塔等；菜幫，可炒、燒、燴，還可製成醃菜花小菜等等。

菜品製作因材而異，可以説貫穿於整個烹飪全過程。以江蘇風味為例：在烹飪中，根據鱅魚頭大肥碩的特點，採用燴、燉的技法，製成淮揚名菜「拆燴魚頭」、「沙鍋魚頭」；根據刀魚肉質鮮嫩，但細刺較多的弊病，製成蘇州名菜「出骨刀魚球」；鯽魚味美，婦孺皆喜，但此魚骨硬而多，江蘇廚師根據原料的這一特性，在魚腹中加進豬肉末，製成名菜「懷胎鯽魚」；根據青魚尾巴肥美異常且是活肉的特點，採用軟燒的技法，製成「紅燒划水」；根據鯉魚生命力強的特點，採用速成的炸溜技法，製成「活魚活吃」；鯊魚皮厚鰭大而膠質重，用煮、燜、燉較適宜，故而製成「白汁魚皮」、「清湯魚翅」、「黃燜魚翅」等。因材施藝，在中國烹飪技藝中形成的名菜名點許許多多。

（二）配製巧妙多變

中國菜點質量的衡量標準是色、香、味、形、質完美，而在配製技術上，尤其注重色、香、味、形、質、量的配合變化。在量的配製上，不僅爆、炒、烹法，應掌握量少速成，使之爽脆、滑嫩保持特色，就是燒、燜等技法多量烹製，也講究味濃而汁醇，目的是提高菜餚的質量。主料、輔料相配，主料量多於輔料量，使主料起主導作用，輔料起陪襯烘托作用，形成菜餚的風味。對不分主料、輔料的菜品，也要求保持它們之間的平衡，形成中國菜點的風味規格。在質的配製上，重視原料的性質特點，既有和諧之妙，又有剛柔相濟相得益彰的獨特風味。

在色的配製上，要使色彩和諧悦目，如滑炒魚片配上黑木耳，可使對比色調強烈，魚片顯得更加白淨。即使像「溜三白」一類色調一致的菜餚，也以強調清淡素雅給人明快、潔淨之感。在味的配合上，突出主味，原料本身具有鮮美滋味的突出本味，並輔以增鮮增香，使味更美。原料本身淡而無味的，配製上加以變化，用鮮香味足的輔料助味。原料本身味濃而油重的，在配製上加以變化，配以輔料解膩減味，促成美味。在味的配製上，不僅注意原料的本味，而且還重視原料加熱後的美味，並注意掌握原料配合產生的新味，這是中國烹調技術配製巧妙多變的關鍵，從而形成中國菜「一菜一味，百菜百味」的口味特色。在形的配製上有片、丁、條、絲、塊、粒、米、茸、泥、段，雖然原料形態各異多變，但輔料必須適應主料形態大小，這是變化的基本原則，變中求和諧、求規格。

另外，在配製菜餚的造型藝術上，不僅用多變的刀工技法、不同的輔料變化配合，豐富菜餚的色香味形和品種，同時常用一些造型手法，如疊擺法、拼擺法、捲裹法、穿入法、包入法、捆紮法、釀填法等，大大開拓菜餚的品種和造型，多變的配製是形成菜品多樣化的重要因素。

在配製上，既注重具體菜餚的配伍，同時還注意菜品間的配合，在整席菜餚之間避重複（重複用料、重複形狀，重複質地）、求變化，使菜餚產生誘惑力。在求變化中要戒雜亂，要能呼應，有規格，成格局。為此中國烹飪形成了許多配合有序的傳統筵席格局，流傳至今仍深受人們的稱道。

第二節 奇妙刀工與精湛藝術

中國烹飪刀工技術古今聞名。《莊子・養生主》中所記述的庖丁，分檔取料時高超的刀工技藝，達到了神屠中音的地步，「手之所觸，肩之所倚，足之所履，膝之所踦，砉然嚮然，奏刀騞然，莫不中音，合乎桑林之舞，乃中經首之會。」故而庖丁成為歷史上刀技超凡的事廚者的代稱。烹飪技術的不斷發展，烹飪技藝的歷代祕傳，廚師的不斷實踐與整體提升，發展到今天，不僅刀法變幻無窮，而且透過刀切賦予菜餚藝術的生命，使食用與藝術相結合，寓藝術於菜餚之中，給人以美的享受，這是今日中國烹飪精湛刀工的重要特色。

一、刀工精湛

（一）刀法多變，菜形多姿

中國刀法精妙，名目眾多。古代的刀法有割、批、切、劀、剝、剔、削、剁、封、剜、刌、斫等，成形手法靈活，切批斬剁慣成條理，已達到了「遊刃有餘」、「分毫之割，纖如髮藝」（漢・傅毅《七激》）、「蟬翼之割，刃不轉切」（魏・曹植《七啟》）、「數之豪不能廁其細、秋蟬之翼不足擬其薄」

（晉·張協《七命》）、「鸞刀若飛，應刃落俎，霍霍霏霏」（晉·潘岳《西徵賦》）的精湛境地。隨著烹飪技藝的不斷發展昇華，中國目前的刀法已不下百種，有切、斬、剁、砍、排，剞、削、施、拍、挖、敲等，其中又可細分，如，同是切，又可分為直切、推切、鋸切、鍘切、滾切等等。多變的刀法適應各種質地的原料需要，達到美化菜餚形態的目的。

千姿百態的菜形是透過具體的刀法實現的。刀工形成的基本形態有：塊、丁、片、條、絲、米、粒、末、泥、茸、球、段等。這些基本的形態透過精妙的刀法又可形成各種姿態。僅片就可形成牛舌片、刨花片、魚鰓片、骨牌片、斧楞片、火夾片、蝴蝶片、雙飛片、梳子片、月牙片、象眼片、柳葉片、指甲片、鳳眼片、馬蹄片、韭菜片、棋子片等。

藝術刀工的成形更是多姿多態，如菊花形、蓑衣形、麥穗形、荔枝形、網眼形、魚鰓形、鳳尾形、牡丹形、蘭花形、波浪形、螺絲形、蜈蚣形、萬字形、箭尾形、釘子形等，使菜餚的成形達到出神入化的藝術境地。其主要表現在：第一，將原料改造切製成一定的象形，使菜餚產生新穎的造型美，菜餚蘭花肉、菊花肫、葡萄魚、牡丹蝦球、蝴蝶海參等，就屬於這一類。第二，將原料切製成規格一致的形態，形成菜餚的整齊美。菜餚扣三絲、炸八塊就是如此。第三，原料成形大小適宜，使菜餚產生諧調美。一卵孵雙鳳、龍戲珠等菜餚就是這樣。第四，切製成形後，使菜餚顯露優點，形成自然美。如烤乳豬、三套鴨等。第五，將原料切製堆疊拼擺成形，形成圖案美。如壽滿桃園、百花爭豔等。總之，刀工可以呈現藝術的美感，這是由中國烹飪精湛而多變的刀法所展現的，是國外菜餚藝術所無法比擬的，堪稱中國烹調技術之一絕。

（二）刀工講究，成形精巧

中國精湛的刀工技術不僅善於變化，同時尤講究技術的精妙。《禮記》記載的周代八珍之一的「漬」，是古人講究刀技的一個範例。其上云：「取牛羊肉必新殺者，薄切之，必絕其理。」此中的「理」，指的就是牛羊肉肌肉的紋路。此菜的刀技不僅要求切得片薄如紙，同時講究切斷肌肉的紋理，達到「化韌」、烹調不變形、成形美觀的目的。古人的這條刀技原理，至今仍為從廚者所遵循。其次，刀技還講究潔淨，不僅多磨刀，多刮砧墩，多洗抹布，而且要求切蔥之刀不可切筍，因為兩物味道迥然，使用同一刀具必然互相沾染味道，影響菜餚質量，此類潔淨原理可以類推。再次，刀技還講究快、巧、準。快則要求運刀快捷如飛，料若散雪；巧則運刀剛柔自如，刀底生花，雙刀飛舞音響合拍而悅耳動聽；準則下刀剖纖析微，不差分毫，遊刃有餘。

講究刀技，既要一刀一式清爽利落，又要成形精巧，基本要求是「大小一致，長短一致，厚薄一致，整齊劃一，互不黏連，均勻美觀」。精巧的薄片要精細到秋蟬之翼不足擬其薄，可以用來照燈，川菜中的「燈影牛肉」可謂一例。精細的絲要細如髮芒，江蘇菜「大煮乾絲」中的生薑絲就是如此，要求細如絲、勻如髮，穿針能引線。諸如此類在中國菜中不勝枚舉。

二、藝術性強

（一）切雕雙絕，裝擺美觀

中國烹飪還充分運用了食品雕刻藝術，對菜餚進行鏤切雕刻、點綴裝飾，寓藝術於菜餚的造型之中，使菜餚具有較好的審美效果。這是中國烹飪的一大藝術特色。雕刻技藝中，先秦產生的食品雕刻，隋唐興起的花色菜點、唐五代著名的大型風景冷盤都是烹飪藝術的代表作。

中國烹調技藝中的切雕技術，可將各種瓜果蔬菜切雕成平面的圖案造型，用以襯托主料、點綴菜餚，如切成鳳凰、鴿子、雄鷹等圖案的片；雕刻成各種花卉，進行菜餚的盤邊裝飾，突出菜餚的造型美；雕刻成大型整體的飛鳥魚蝦和大型盆景，用於宴會的席面裝擺，增加宴席的藝術氣氛；將各種瓜果切雕裝擺成大型的山水圖案，用於大型冷餐酒會，增加環境的藝術氣氛；將瓜果雕刻成美麗的圖案製成盛器，不僅具有藝術性的美感，而且可增加菜餚的美味，如冬瓜盅、椰子盅、西瓜燈等。在裝擺中運用點綴、圍邊、對鑲、嵌釀、套疊等多種手法，融雕刻與菜餚為一體，形成和諧而美觀的造型。

（二）色彩和諧，菜名美妙

色彩不僅反應菜餚的質量，同時與菜餚的藝術性和給人的觀感有著內在的聯繫。中國烹飪歷來注重菜餚的色彩和諧。在色彩的配合上，中國烹飪的基本原則是：輔料的色彩要襯托主料、突出主料、點綴主料、適應主料，形成菜餚色彩的均勻柔和、濃淡相宜、主次分明、相映成趣。中國許多名菜名點的形成，與色彩和諧的特色不無聯繫。如粵菜烤乳豬，就是以其大紅的鮮豔色彩呈現其質量，吸引顧客，故又稱「大紅片皮乳豬」。蘇菜中的「清炒蝦仁」，以其潔白無瑕的色彩表現菜餚的素雅美觀，故又稱「清炒大玉」。甜菜中的「櫻桃銀耳」用潔白的銀耳點綴上鮮豔的櫻桃，和諧悅目，引人食慾。許多中國名菜名點都以其「濃妝淡抹總相宜」的和諧色彩相映成趣。

中國菜餚的命名十分講究名稱的美、雅、吉、尚，顯示菜餚的意境和情趣。有樸實而清晰的一般命名方法。這些大多利用菜餚的主料、輔料、烹調方法、調味方法、色香味形的特色以及人名、地名等制定菜餚的名稱，讓人感到雅緻貼切、樸素大方，如，芹菜炒肉絲、煮乾絲、鹽水蝦、清蒸鱖魚、香酥鴨、芙蓉雞片、東坡肉、西湖醋魚、洋蔥豬排、油爆雙脆等。另外，有用文學賦、比、興等手法，著意美化菜名的命名方法，如利用諧音轉借命名，利用象形命名，或藉歷史故事命名等，這些命名或寓意吉祥如意，或借比喻並帶有誇張等等。這種寓意命名的方法從古到今一直沿用，並帶有較高的藝術性。它是針對顧客的獵奇心理，突出菜餚某一特色加以渲染，並賦以詩情畫意、富麗典雅的美名，從而造成引人遐想的效果。如龍虎鬥、獅子頭、熊貓戲水、彩蝶迎春、孔雀開屏等，強調的是造型藝術；全家福、鴛鴦鯉、母子會、萬壽無疆、鯉魚跳龍門等，表達了人們的良好祝願；貴妃雞翅、西施舌、油炸燴、裙帶麵、一品南乳肉等，則反映了人民的意志；佛跳牆、推沙望月、掌上明珠、百鳥歸巢等，藉助雋永的詩文名句，富有詩情畫意；叫花雞、鴻門宴、鵲渡銀河、哪吒童鳴、桃園三結義等，依據神話傳說、歷史掌故，賦予特殊含義，等等。

中國菜餚名稱充滿了藝術性，它想像豐富、寓意新奇、比喻精妙、情趣高雅、意境深遠，給人以文化的熏陶和藝術的美感。

第三節 五味調和與火候運用

一、善於調味

善於調味是中國烹飪的一大特色，也是中國菜餚豐富多彩的重要原因之一。調味和火候，是中國烹飪技術中兩大關鍵技術。中國烹調技術中的調味一般有兩個方面的內容：一是利用不同的原料互相巧妙地搭配，使不同的原料滋味互相滲透，交流融合，產生新的美味；二是用調味料的滲透、擴散及相互作用，調和滋味、達到去除異味、突出本味、增加滋味、豐富口味的效果，這是菜餚調味的根本內容，也是菜餚口味成敗的關鍵。

調和滋味首先要有豐富的調味品，調味品使用越廣越寬，味的變化也就越多越妙。中國烹飪調料之多，在世界上首屈一指。中國的調味品，在古代就相當豐富了。既有天然的調味品，也有釀造的調味品。現在中國常用的調味品更加豐富，有鹹味類、甜味類、酸味類、苦味類、鮮味類、辛香類、芳香類等上百種之多。調料寬廣、注重選擇上品是善於調味的條件和基礎。

（一）調味方法細膩

中國烹飪的調味方法十分講究，這是西方菜餚所難以比擬的。根據不同的原料、不同的口味要求、不同的技法採取細膩的分階段的調味方法，既可使口味變化多端，還可以使各種口味互相補充、互相滲透結合。中國烹飪調味的步驟分加熱前、加熱中、加熱後三個階段。而加熱中的調味是決定性的調味，這個階段的調味，可使原料在高熱中與調料更好地結合在一起，去除異味，增加香味。但加熱中的調味有一定的侷限性，有時不能除盡異味，不能適應多種烹調方法的需要，為此要輔以加熱前的輔助調味或加熱後的補充性調味，使異味充分滌除、壓蓋、化解，使原料本身的美味被激發、烘托發揮出來。這種細膩的調味方法，適應了多種烹調技法、多種原料性質，達到了最佳的調味效果，形成了中國獨特的調味方法和技術體系。

（二）突出原料本味

菜餚之美，當以味論，而味首在本味。一物有一物之味，要使一物各顯一性，一碗各成一味，就必須突出原料的本味。突出本味，是中國調味的一大特色。早在先秦時，古人就提出了五味調和的原則。有些原料本身就具有極鮮美的滋味，如新鮮的時蔬、雞鴨、魚蝦等，如果不按突出本味這一點調味，就會掩蓋其自身的鮮美滋味。所以在調味時對鮮味足的原料，宜淡不宜重，在口味上避免調味過重而適得其反，失去本味效果。對有腥羶味的原料，用調味品去解除，使其鮮美本味突出。對味淡的原料用其他鮮香的美味促進它，使它更好地呈現出本味。

（三）精於調製復味

中國菜享有「一菜一味，百菜百味」的美譽。這是精於調製富於變化的複合味的結果，是善於調味的又一個具體展現。甜、酸、苦、辣、鹹五味調和，就像畫家用三原色能調出富有感染力的各種色彩，如同作曲家將音符變化出美妙的樂曲一樣，各種調味品的數量、加入的先後不同，就形成各種不同味道的複合味。複合味的變化之多、種類之廣在世界上是獨一無二的。譬如，鹹甜味、酸甜味、甜酸味、鮮鹹味、鹹香味、香辣味、酸辣味、麻辣味、魚香味、怪味、荔枝味、椒鹽味以及五香鹽、沙茶醬、香辣醬、薑汁醋、柱侯醬等豐富多彩，變化無窮。這也是中國烹飪善於調味的突出表現。

（四）注重味型差異

中國烹飪的調味中，不僅味型差異明顯，而且同是一種味型還有濃淡之分、輕重之別。比如甜酸味和酸甜味，雖調料品種使用相同，但因數量配比不同而形成兩種味型，在口味差異上十分明顯。甜酸味是甜中帶酸，稍有鹹味；而酸甜味是上口酸、收口甜、稍有鹹味。另外，同是糖醋的甜酸味，有重糖醋和輕糖醋之異，如「糖醋魚」為重糖醋，甜酸味濃烈而甜香，而江蘇菜中的「五柳魚」則為輕糖醋，糖醋用料降了一半，菜餚甜酸味輕淡，而帶有鮮香，其味型的差異是十分明顯的。再如川菜中的辣味，有的用乾辣椒，辣得嗆口；有的用泡辣椒，辣得爽口；有的用辣椒麵（辣椒粉），則辣得麻口。這就形成了口味上的各種微妙差異。善於調味，就是要注重味型的差異，使各味層次清楚，互不雷同。

（五）調味注意變化

凡調和飲食滋味，必須適合時令、環境、對象的外在變化，因人、因事、因物稍異，這是善於調味的另一個具體展現。因時而異，適應時令。中國古代就已注意到這一調味的外在規律。在《禮記・內則》中有「凡和，春多酸，夏多苦，秋多辛，冬多鹹，調以滑甘」的四時調味原則，歷代還提出了調味的時序理論。即循規律因時而異，夏季味稍淡，給人清爽感，冬季味稍厚，給人有驅寒感，以適應季節氣候的外在變化。因人而異，即每個人的口味要求不盡相同，在保持菜餚風味特色的前提下，要有針對性地進行調味，以適應人們不同的口味需要。所謂「食無定味，適口者珍」就是這個道理。調劑之法，相物而施，還要根據原料的性質加以調味，取其長而避其短，充分彰顯原料特性和調味的作用，防止千篇一律。

二、注重火候

熟物之法最重火候，火候不僅是形成不同風味、烹調方法多樣化的重要因素，同時也是決定菜餚成敗的關鍵因素。菜餚火候不足，不僅不熟，香美之味也不能充分發揮。反之，火候過度則菜餚枯老而乏味。要使菜餚達到嫩而不生、透而不老、爛而不化的質量要求，必須注重火候的把握。

（一）選用不同的燃料

選用不同性質的燃料，是掌握火候的基礎。烹飪利用的燃料，有天然的柴、煤、炭，半天然的煤氣，人工製造的煤油、酒精等。此外，近代科學還產生了火以外的烹飪熱能，如電、太陽能、電子、微波等。這些錯綜複雜的熱能燃料，性質各異，會直接影響到烹調中火力的大小、火度的高低、火勢的廣狹、火時的長短。天然柴，火大而烈，適宜大鍋烹調菜餚，能發揮烈火速烹的作用；而炭的火性則穩定而持久，適宜燉、燜、焐等長時間加熱的技法，能發揮炭火持久的特點；煤的特點是火力既強同時又有高度的持久性，故能廣泛運用於各種烹調技法。目前正得到普遍應用的煤氣、天然氣，不僅火力集中，而且火力的大小強弱可以隨心控制，並且非常清潔，能適應烹飪多方面的需要。至於酒精，因其乾淨、火焰美觀，常用於火鍋。雖然同一種類的燃料也有一定的火性差異，但中國烹飪注重火候，最基礎的是根據烹調的需要，選用不同性能的燃料，適應不同風味菜餚的火候需要。

（二）使用不同的工具

烹飪原料形態各異，性質不一，要求風味不同，所以注重火候必須講究使用不同的工具。煎炒宜鐵鍋，煨煮宜沙鍋。就是煎炒所使用的鐵鍋，也有區別。炒製需火力集中時必須使用圓底炒鍋，能使火焰集中鍋底上揚；煎製需火力平均時，必須選用平底鍋，使原料受熱均勻一致。另外，同是烤製，有的需要電的烤箱，如烤魚、烤豬排；有的需要圓形烤爐，如烤鴨、烤雞、叉燒；有的需用烤床，如烤乳豬、叉燒鴨；還有的需要鐵柵爐，如烤羊肉串等。使用不同的工具適應了菜餚對不同火候的需要，同時使菜餚形成不同的風味、色澤。如用平底鍋煎製，菜餚底層金黃而酥脆，裡面鮮嫩；用沙鍋燉燜，菜餚容易酥爛而香味濃郁，同時容易使菜餚保持熱度，冬季尤佳。菜餚烤製所用工具不同，即形成有的鮮嫩，有的酥脆，有的色澤紅亮，有的清淡雅緻。所以注重火候必須合理科學地運用不同的烹飪工具，這是中國烹飪的傳統特色之一。

（三）運用不同的火候

中國烹飪對火力、火度、火勢、火時等諸因素都有講究。為了保持菜餚的鮮嫩，須用旺火，火力要大，火度要高，火勢要廣，火時要短，不然菜餚就會疲沓變老。煨煮技法須文火，火大則原料乾癟甚至枯焦。有些需收湯緊汁的菜餚，須先武火，後文火，不然就會夾生。總之，菜餚的成敗就看運用火候的得當與否。中國菜千奇百品，風味迴異，運用不同的火候是主要的原因之一。

（四）採用不同的介質

菜餚加熱成熟，其傳熱的媒介有水、油、蒸氣、空氣、固體物質等。原料採用何種介質傳熱，應根據原料的性質、菜餚的特色來選用。中國烹飪不僅選用水、油、蒸氣、空氣等一般的傳熱介質，而且還用鹽、泥、沙等固體物質傳熱，因其方法特殊，風味也迴異，如廣東的鹽焗雞、江蘇的什香煨雞就是如此。另外，同一菜餚有的需要採用多種不同的介質傳熱，製作工藝複雜，使菜餚集各物的長處為一體，如閩菜「佛跳牆」可為一例。

第四節 技法多變與配器講究

烹調技法是中國烹飪技藝的核心，是前人寶貴的實踐經驗的科學總結。由於烹飪原料的性質、質地、形態各有不同，菜餚在色、香、味、形、質等諸質量要素方面的要求也各不相同，因而製作過程中加熱途徑、糊漿處理和火候運用也不盡相同，這就形成了多種多樣的烹調技法。中國菜餚品種數量多至上萬種，正是由於多種多樣的烹飪方法的變化所致。

一、技法多樣

中國烹飪豐富多彩、精細微妙，在很大的程度上指的是變化多端的烹調方法。中國的烹調技法經過人們長期實踐經驗的累積，特別是從事烹飪的廚師不斷創造，形成了幾十類近百種的烹調方法，同時各地又有地方特色的技法，可謂千姿百態、風格各異。

（一）水傳熱法

水傳熱法以水為介質導熱。水的沸點是100℃，水溫只能達到100℃，超過了水就會變成氣體逸出。質地軟嫩的原料只要內外熱度平衡，就可基本成熟，既有脆嫩、清爽的口感，又保護了營養成分。質地老的原料用較多的水長時間地煨、燉，才能使原料水解、膨鬆，從而達到酥爛的質感。代表的烹調技法有：

（1）燉，有隔水燉、直接燉、蒸燉等；

（2）燒，有紅燒、白燒、乾燒等；

（3）燴，有清燴、紅燴、白燴等；

（4）煮，有紅煮、白煮、鹽水煮等；

（5）汆，有沸水　、溫水汆、冷水汆等；

（6）扒，有紅扒、白扒等；

（7）燜，有黃燜、紅燜、原燜、酒燜等；

（8）煨，有紅煨、白煨等；

（9）焗，有酒焗、湯焗等；

（10）涮，有涮鍋等。

（二）油傳熱法

油傳熱法以油為介質導熱。油脂所能吸收、保持的熱量比水高得多，當油溫升高到開始冒青煙時，植物油可達170～190℃。如：

（1）炒：有煸炒、滑炒、軟炒、清炒、抓炒等；

（2）爆：有油爆、湯爆等；

（3）炸：有清炸、酥炸、乾炸、香炸、包炸等；

（4）烹：有清烹、炸烹等；

（5）煎：有乾煎、煎烹等；

（6）塌：有鍋塌等；

（7）溜：有焦溜、滑溜、軟溜等；

（8）貼：有鍋貼等。

（三）熱空氣傳熱法

熱空氣傳熱法以熱空氣為介質導熱。在烹調加熱中，不利用有形傳熱媒介給原料加熱，而是用燃料產生的熱能使空氣溫度升高，靠熱量的輻射傳熱。如烘、烤法所需的熱能都是應用爐灶火力的輻射傳熱。特點是受熱較均勻，原料表面焦脆，內部鮮嫩，色澤金黃。如烤製烹調法，有明爐烤、暗爐烤、泥烤等。

（四）氣傳熱法

氣傳熱法以蒸氣為介質導熱。它的溫度高於水的溫度，因為蒸氣的溫度最低為100℃。其特點是水分不易蒸發，能保持菜餚的原味原形，減少營養素的損失。如蒸製烹調法，有清蒸、粉蒸等。

（五）鹽和沙粒傳熱法

鹽和沙粒傳熱法以鹽或沙粒為介質導熱。這是以熱傳導的方式把熱量傳給原料。鹽比油的傳熱能力強，它不像液體那樣能夠對流，所以，用鹽和沙粒等作為介質時，必須不斷翻炒，以使原料受熱均勻。如鹽焗雞、糖炒栗子等。

此外，各地還有一些特殊技法，如　、熬、炆、烘、焐、烙、　、釀、淖、糝、蒙、炊、燙等。

二、盛器講究

美食與美器的完美結合是中國烹飪對盛器的要求，也是形成中國烹飪技藝絢麗多彩的重要因素。盛器的講究是隨著烹飪技術的不斷發展而日臻完美的。

（一）菜餚與餐具器皿在色彩紋飾上相協調

這種協調，既是一肴一碗與一碗一盤之間的和諧，又是一席肴饌與一席餐具飲器之間的和諧。如宋代的《清異錄》記載的吳越之地「有一種玲瓏牡丹鮓，以魚、葉鬥成牡丹狀，既熟，出盤中，微紅如初開牡丹」，此係「庖製精巧」之作。

對於菜餚的盛裝而言，如果餐具器皿色彩選用得當，就能把菜餚的色彩襯托得更鮮明美觀。一般而言，潔白的盛器對大多數菜餚都適用，但潔白的盛器盛裝潔白的菜餚，色彩就顯得單調。如「糟溜魚片」、「芙蓉雞片」等白色菜餚，用白色的器具盛裝就不如用帶有色彩圖案的器具盛裝。另外，在裝盤上切忌「靠色」，如「什錦拼盤」，就要把同類顏色的原料間隔開來，才能產生清爽悅目的藝術效果，體現盤中的紋飾美。

（二）盛器的形態、大小與美饌的形狀、數量相適應

中國菜餚品類繁多，形態各異，因此，也就要求食器的形制多種多樣，千姿

目錄
前言
第一章
第二章
第三章
第四章
第五章
第六章
第七章
第八章

百態，與菜餚裝配相適應。選用盛器要恰當，如果隨便選用，不僅有損美觀，而且不利於食用。如一般炒菜、冷菜宜選用圓盤和腰盤，若用湯盤或湯碗盛裝，就顯得不倫不類。燴菜和一些湯汁較多的菜餚宜用湯盤，如裝在淺平的圓盤中就很容易溢出。整條的魚宜用腰盤，否則就給人一種不舒服的感覺。

盛器的大小是決定菜餚數量的主要因素。如果把較多的菜餚裝在較小的器皿中，或把少量的菜餚裝在較大的盛器中，不但影響菜餚形態的美觀，而且會使人產生不好的感受。所以盛器的大小必須與菜餚的數量相適應。一般來講，菜餚的體積應占盛器容積的80%～90%，菜餚、湯汁不應超過盛器內的邊沿。

（三）盛器的質地與菜餚品質和整體相稱

菜餚盛裝用盤是有許多講究的。古代人食與器的配合講究等級制度，金、銀、玉器是統治階級的專用品，老百姓是受用不起的。而今已沒有這種貴賤之分，但從飯店接待來看，高檔的宴席菜餚，大多用質優精巧的盛器，如果菜餚品質低，器皿品質高，問題還不大，但如果是高檔菜餚用質差的器皿盛裝，就難以襯托高檔菜餚。但不管是一般便飯，還是整桌宴席，食與器之間在品質、規格、色彩等方面都要相稱，不可以品質不一樣、花紋規格差距過大、色彩不協調。尤其是高級別宴會，所用食器最好能展現整體美和變化美。如果是大型宴席，每桌的盛器都應該是系列性的。

第五節 麵糰變化與點心多姿

中國麵點製作有著獨特的表現形式，它是透過麵點師精巧靈活的雙手進行立塑造型完成的。透過一定的包、捏手法，使食品達到審美效果，特別是那些小巧玲瓏的細點，不僅使人們食之津津有味，觀之也心曠神怡。

一、麵糰多變

米、麥及各種雜糧是製作麵點的主要原料，這些原料都含有澱粉、蛋白質和脂肪等，成熟後都有鬆、軟、黏、韌、酥等特點，但其性質又各有不同。

（一）水調麵的筋道、堅實

用水與麵粉調製的麵糰，因麵粉調製的水溫不同，又可分為冷水麵糰（水溫在30℃以下）、溫水麵糰（水溫在50℃左右）、開水麵糰（水溫在65～100℃）、水氽麵糰（在100℃沸水鍋中和麵）等。由於它們調製的水溫不同，因而它們的特點也不相同，所製作的點心也有一定的區別。水調麵糰組織嚴密，質地堅實，內部無蜂窩狀組織，體積不膨脹，但富有彈性、韌性、可塑性和延伸性，成熟後成品形態不變，吃起來口爽而筋道，皮雖薄卻能包住滷汁。

（二）發酵麵的暄軟、鬆爽

用麵粉與發酵劑及適溫的水摻和揉搓形成的麵糰，又稱為「發麵」、「酵麵」等。麵糰利用菌體內所含有的酶，在適當條件下發生生物化學反應，產生二氧化碳氣體；發酵的最佳環境溫度為30℃左右，在一定的時間內可使原有的麵糰充滿氣體鼓起。熟製後的成品，具有形態飽滿、富有彈性、暄軟、爽口、易消化吸收等特點。

（三）油酥麵的鬆酥、香脆

用油脂與麵粉調製的麵糰，由於調製的手法不同可分為起層酥和單酥等。起層酥由兩塊不同性質的麵糰包　卷或疊成，一塊麵糰是用水、油、麵粉調製的水油酥，另一塊是用油與麵粉擦製的乾油酥；單酥又叫硬酥，是直接用水、油脂摻入麵粉，一次揉合成團，製成不分層次的酥點。油酥麵糰具有酥鬆、膨大、分層等特點，並且外形美觀。

（四）米粉麵的黏實、韌滑

用水與米粉及其他輔助原料調製的麵糰，由於米的性質（糯米、粳米、秈米）和所製作的品種要求不同，在製作中往往需要進行摻粉。根據加工調製的方法差異，粉團又可分為糕類粉團、團類粉團和發酵粉團等。米粉麵糰質重而堅實，韌性差，黏糯性大，粉料經摻和使用，口感爽滑而富有黏性。

（五）蛋和麵的滑潤、酥香

用鮮蛋的蛋液（有些再加入水、油、糖等）與麵粉調製的麵糰，依麵粉中加入雞蛋的多少，以及有無其他填料的配合，又可分為純蛋麵糰、油蛋麵糰和水蛋麵糰等。這類麵糰的製品成熟後，具有酥香、爽滑、營養豐富、外形美觀的特色。

二、形態多姿

麵點立塑造型，是指利用主料的粉、麵皮的自然屬性，採用包、捏的手段將其塑造成各種形象。這種造型方法是技巧與藝術的結合，它要求麵點師具有嫻熟的立塑造型技藝，熟練掌握一張小坯皮的性質和包、捏的限度，以及在加熱過程中的變化規律，只有具備過硬的操作本領，才能達到完美的藝術效果。

麵點的立塑造型使用的空間極小，一張8公分左右的麵皮的限度，一塊小麵劑子的空間，每一件是一個單個的獨立體，而且每一張麵皮、每一個麵劑都要塑成大小相等、做工精緻的形態。如透過折疊、推捏而製成的孔雀餃、冠頂餃、蝴蝶餃；透過包、捏而製成的秋葉包、桃包；透過包、切、剪而製成的佛手酥、刺蝟酥；透過卷、翻、捏而製成的鴛鴦酥、海棠酥、蘭花餃，以及各種花卉、鳥獸、果蔬的象形船點和拼製組合圖案等品種，每種麵點既有各自不同的形態，又從屬於整體造型的需要。這就要求麵點師具有較高的麵點捏塑技藝和美學、美術知識修養。

（一）把握皮料性質

麵點造型具有較強的立體感，所選皮坯料必須具有較強的可塑性，質地要細膩柔軟，只有這樣的皮坯料才具有麵點立塑的基本條件。糯米、粳米、麵粉、薯類都具有這種特性但做工要十分精細：米要泡透心，粉要磨細，不酸不餿，老嫩適度，才能做到皮料色白、柔嫩且具有較好的可塑性。麵粉製品中，一般燙麵可塑性較強。一些簡易造型的點心，如象形點心「壽桃」、「菊花花捲」等，可採用發酵麵糰（用嫩酵麵，以免熟製後變形）製作。對於薯類作皮的點心，須加入適當的輔助料如糯米、麵粉、雞蛋、豆粉等，才便於點心成形。用澄粉作為粉料而製作的花色品種，色白細滑，可塑性強，透明度好，如「碩果粉點」、「水晶白鵝」、「玉兔餃」等，造型逼真，色澤自然。

（二）餡心選用適宜

為了使麵點的造型美觀，藝術性強，必須注意餡心與皮料的搭配相稱。一般包、餃類點心的餡心可軟一些，而花色象形麵點的餡心則不宜稀軟，以防影響皮料的立塑成形。否則，麵點的整體效果會受到影響，容易出現軟、塌、露餡等現象，影響麵點造型的藝術效果。所以，不論選用甜餡或鹹餡，用料和味型均需講究，不能只重外形而忽視口味。若採用鹹餡，烹汁宜少，並製成全熟餡，使其冷卻後，再進行包捏加工，以保持製成品的最佳形態。另外，儘量做到餡心與麵點的造型相搭配，如做「金魚餃」，可選用鮮蝦仁做餡心，即成「鮮蝦金魚餃」；做花色水果點心如「玫瑰紅柿」、「棗泥蘋果」等，則應採用果脯蜜餞、棗泥為餡心，務使餡心與外形互相襯托，突出成品風味特色。

（三）造型簡潔形象

麵點造型藝術選擇題材時，要結合時間因素和環境因素，採用人們喜聞樂見、形象簡潔的物象，如喜鵲、金魚、蝴蝶、鴛鴦、孔雀、熊貓、天鵝等。麵點造型藝術的關鍵是要熟悉生活，熟知所要製作物象的主要特徵，抓住特徵，運用適當誇張的手法，就能達到食品造型藝術美的效果。如捏製「玉兔餃」，只需把兔耳、兔身、兔眼三個部位掌握好，把耳朵捏得長大些，身子豐滿，兔眼用紅色原料嵌成，就會製出逗人喜愛的小白兔。又如「金魚餃」著重做好魚眼和魚尾，「天鵝」則突出牠的頸和翅，只要對這些部位進行適當的誇張變化，即可製出造型可愛的成品。這種誇張的造型手法要表現在「似與不似之間」。如過分講究逼真，費工費時地精雕細琢，一是手工操作時間過長，食品易受汙染；二是不管多漂亮的點心，其目的都是食用，若過於追求奇巧，不免趨於浪費，甚至弄巧成拙，影響人的食慾。

（四）盛裝拼擺切體

一盤麵點是許多單個麵點組合而成的藝術整體，所以，盛裝拼擺技藝也是麵點造型中重要的一環。麵點捏塑需要精湛的技藝、美妙的造型，而裝盤也不可馬馬虎虎，上下堆砌，隨便亂擺，否則將損壞麵點的立塑成形。麵點的盛裝拼擺，要求根據麵點的色、形選擇合理、和諧的器皿，運用盛裝技術按照一定的藝術規律，把麵點在盤中排成適當的形狀，突出麵點的色彩，呈現捏塑的形態。總體要求是：對稱、和諧、協調、勻稱。如「牛肉鍋貼」可擺成圓形、橋形，底部向上突出煎製後的金黃色澤，下部微露出捏製的細皺花紋；「四喜蒸餃」可擺成正方形、品字形，在操作時應將四種餡料的次序按一定的規律裝擺，排列時也應注意四色的方向要有序擺放，給人以整齊、協調之美，而不是隨便放置，給人以色、形零亂的感覺。就是簡單的菱形塊糕品，也應有一定的造型，如八角形、菱形、等邊三角形等。總之，應拼擺得體，和諧統一，使人感到一盤麵點整體是一幅和諧的畫面，單個麵點是一個個活靈活現的藝術精品。

第六節 技藝追求與推陳出新

中國的烹飪文化是由傳統遺產和現代創造成果共同組成的。社會的飲食習俗傳統表現了文化的繼承性，而革新提高的新成果則表現了它的發展與進步。

一、發揚傳統

烹飪學是變化之學、創新之學。烹飪離不開發展，離不開創新。人們在繼承傳統進行揚棄的同時，又創造出許多適合當今人們的飲食需求的東西。當今各地比較定型的菜點，都是經過較長時間的發展，為一定群體、一定的地區認定的、歷史傳承而來的作品。即使是當代烹調師的創新菜點，也是在繼承基礎上的創新。

（一）傳統菜品的延續與革新

在中國烹飪文化幾千年的發展中，烹飪原料的開發利用和炊具的改革取得了很大進展。廚房用具中，鐵器、陶器繼續使用，但機械增多，冷藏設備增多，而且電能已成一種新熱源和新動力源。烹飪技法已發展到幾十種類，烹飪成品中菜餚、點心小吃和飲料的品種粗略估計總共不下萬種。所有這一切都是在繼承中創新獲得的成果。

春秋時期，易牙在江蘇傳藝，創製了「魚腹藏羊肉」，創下了「鮮」字之本，此菜幾千年來一直在江蘇各地流傳。經過歷代廚師製作與改進，至清代，在《調鼎集》中載其製法為：「荷包魚，大鯽魚或鯉魚，去鱗將骨挖去，填冬筍、火腿、雞絲或蟀螯、蟹肉，每盤盛兩尾，用線紮好，油炸，再加入作料紅燒。」後來民間將炸改為煎，腹內裝上生肉茸，更為方便、合理。現江蘇各地製作此菜方法相似，但名稱有異，如「荷包鯽魚」、「懷胎鯽魚」、「鯽魚斬肉」、「羊方藏魚」。

中國春捲也是經過歷代演變而來的。唐初，「立春日吃春餅生菜」，號「春盤」，每年立春這一天，人們將春餅蔬菜等裝在盤中，成為「翠縷紅絲，備極精巧」的春盤。當時，人們相互饋送，取「迎新」之意。杜甫「春日春盤細生菜」（杜甫《立春》）的詩句，正是這一習俗的真實寫照。唐之「春盤」，到宋時叫「春餅」，後演變為「春捲」。餅是兩合一張，烙得很薄，也叫「薄餅」，上面塗以甜麵醬，夾上羊角蔥，把炒好的韭黃、攤黃菜、炒合菜等夾在當中，捲起來吃，別有一番風味。以後人們發現捲起來吃不方便，廚師們便直接包好供人們食用，成為我們今日的春捲了。

中國各地的地方菜和民族菜，都有自己值得驕傲的風味特色。這些風味特色，是歷代廚師們不斷繼承和發展而來的。中國各地風味菜點的製作，無一不是過去的人們在不斷的傳承中加以充實、完善、更新，才有了今天的特色和豐富的品種。

（二）發揚傳統與勇於開拓

繼承和發揚傳統風味特色是飲食業興旺發達的傳家寶。如今，全國許多大中城市的飯店在開發傳統風味、重視經營特色方面取得了可喜的成績，並力求適應當前消費者的需要，因而營業興旺，生意紅火。

但是，繼承發揚傳統特色也不是說完全依照原來的老一套做法不變，而是要隨著時代的發展不斷改進，以適應時代的需要。1970年代，人們提倡的「油多不壞菜」，如今已過時了，已不符合現代人的飲食與健康需求了。傳統的「千層油糕」、「蜂糖糕」、「玫瑰拉糕」等原來需要加入一定量的糖漬豬板油丁，隨著人們生活的變化，其量都必須適當地減少，甚至不用動物油丁。清代宮廷名點

「窩窩頭」現在進入人們的宴會桌面，但已不侷限於原來的玉米粉加水，而增加了米粉、蜂蜜和牛奶，其質地、口感都發生了新的變化。傳統的「糖醋魚」，本是以中國香醋、白糖烹調而成，隨著西式調料番茄醬的運用，幾乎都改用番茄醬、白糖、白醋烹製了，從而使色彩更加紅豔。與此相似，「松鼠鱖魚」、「菊花魚」、「瓦塊魚」等一大批甜酸味型的菜餚也相繼作了改良。

二、敢於創新

菜點的製作、創新從地方性、民族性的角度去開拓是最具生命力的。透過全國各地的餐飲市場，不難發現中國各地的創新菜點不斷面市，而絕大多數的菜餚都是在傳統風味的基礎上改良與創新的。

（一）挖掘整理與開發利用

中國飲食有幾千年的文明史，從民間到宮廷，從城市到鄉村，幾千年的飲食生活史料浩如煙海，各種經史、方志、筆記、農書、醫籍、詩詞、歌賦、食經以及小說名著中，都或多或少涉及飲食烹飪之事。

在古代菜的挖掘中，1980年代是中國烹飪開發的高峰期，如西安的「仿唐菜」、杭州的「仿宋菜」、南京的「仿隨園菜」和「仿明菜」、揚州的「仿紅樓菜」、山東的「仿孔府菜」、北京的「仿膳菜」等都是歷史菜開發的代表。

古為今用，推陳出新。中國烹調師一直沒有停止過對菜點的開發和研究，許多歷史名菜點諸如「蟹釀橙」、「宋嫂魚羹」、「茄鯗」、「窩窩頭」等的開發利用，受到廣大飲食愛好者的青睞。

（二）大膽吸取與拿來我用

廣泛運用傳統的食物原材料，是製作並保持地方特色菜品的重要基礎。而大膽吸收和運用中國內外的烹飪原料，引進新的調味手段，使菜品風格多樣化，是滿足現代市場和顧客需求的必經之路。

自古及今，中國的烹飪師一直沒有停止過吸收和利用其他地區甚至國外的原材料，拿來為我所用，如胡蘿蔔、番茄、豌豆、澳洲龍蝦、鱈魚等的利用；在調味品的利用上，廣泛引進外國的調味料，不斷豐富各地區菜品的特色，使本地菜品在尊重傳統的基礎上得到了充實提高。如江蘇的「生炒甲魚」菜餚，在保持江蘇風味的基礎上，烹製時稍加蠔油，起鍋時加少許黑胡椒，其風味就更加醇香味美。像這種改良，客人能夠接受，廚師也能發揮，而且也大大豐富了傳統風味菜的內涵，使其口味在原有的基礎上得到昇華。

（三）工藝改良與不斷創新

對於傳統菜的改良不能離其「宗」，應立足有利於保持和發展本風味特色。許多廚師善於在傳統菜上做文章，確實得到了較好的效果。如進行「粗菜細作」，將一些普通的菜品精緻化，這樣改頭換面後，菜品質量得到提升；或在工藝方法上進行創新，如「鹽焗基圍蝦」、「鐵扒大蝦」等，改變了過去的鹽水、蔥油、清蒸、油炸等烹調方法，使其口味一新。

近幾年來，全國各地的烹調師在對傳統工藝的改良上作出了許多嘗試，而且獲得很好的效果。菜點的創新，關鍵在於思路的開闊與變化。其基本思路與方法，主要有以下幾個方面：

1.原料變異，推陳出新

近幾年來，進入廚房的原材料更加豐富，連過去貧困年代人們食用的山芋藤、南瓜花以及貧民食用的臭豆腐、臭豆腐乾等，現在也紛紛進入許多大飯店。過去飯店不屑一顧的一些原料如豬大腸、肚肺、鱔魚骨、魚鱗等也登上了大雅之堂，成為了人們的喜愛之物。因此，對於原料的利用，重在發現、認識和開拓。

改革開放以後，中國引進外國的食品原料更加豐富多彩。除了天然的食物原料以外，還出現了許多加工品、合成品，這些都為中國烹飪原料增添了新的品種。

許多原材料在本地看來是比較普通的，但一到外地，即身價倍增。如南京的野蔬蘆蒿、菊花腦，淮安的蒲菜，天目湖的魚頭，雲南的野菌，膠東的海產，東北的猴頭等，當它在異地烹製開發、銷售時，其效益大增。如今交通發達，開發異地原材料並不困難，利用新原料，創新菜餚也必將有其更為廣闊的市場。

2.味中之變，出奇制勝

高明的烹調師就是食物的調味師，所以，烹調師必須掌握各種調味品的有關知識，調和五味，才能創製出美味可口的佳餚。

在原有菜點中就口味味型和調味品的變化做文章，更換個別味料，或者變換一下味型，就可能會產生一種與眾不同的風格菜品。只有敢於變化，大膽設想，才能產生新、奇、特的風味菜品。

菜品的翻新從口味上入手，能產生特殊的效果。比如鴨掌，從傳統的紅燒鴨掌、糟香鴨掌、水晶鴨掌到潮汕的滷水鴨掌以及走紅的芥末鴨掌、泡椒鴨掌等等，其口味不斷翻新，鴨掌菜的筋道滑爽的風味特色依舊。由「油爆蝦」到「椒鹽蝦」再到「XO醬焗大蝦」，也是由改變口味而創製的。

調味原料的廣泛開發，新調料的不斷研製，海外調料的不斷引入，可為調製新味型奠定良好的基礎。

把各種不同的調味品靈活運用、進行多重複製，製作出新型口味的菜餚，這是菜餚變新的一種方法，也是以味取勝、吸引賓客的一種較好的途徑。

3.菜點結合，樣式翻新

菜點組合是指菜餚、點心在加工製作過程中，將菜、點有機組合在一起成為一盤菜餚。這種將菜餚和點心結合的方法，構思獨特，製作巧妙，成菜時菜點交融，食用時一舉兩得，既嘗了菜，又吃了點心；既有菜之味，又有點之香。代表品種有餛飩鴨、酥皮海鮮、鮮蝦酥卷、酥盒蝦仁等。

淮揚傳統菜「餛飩鴨」：取用去皮嫩母鴨燜約3小時至酥爛，與24顆煮熟的大餛飩為伴，鴨皮肥美，肉質酥爛，餛飩滑爽，湯清味醇，別有一番風味。「鯉魚焙麵」是「糖醋黃河鯉魚」帶「焙麵」上桌；「醬炒里脊絲」帶荷葉夾上桌等等。

菜點相配，只要搭配巧妙、合理，符合菜點製作的規律，便會取得珠聯璧合、錦上添花的藝術效果。從菜餚製作本身來說，菜餚與麵點巧妙的結合，對擴大菜品製作的思路，開拓菜品新品種，無疑是具有深遠意義的。

4.洋為中用，中外合璧

隨著中外飲食文化交流的增多，菜餚製作也呈現多樣化的趨勢，無論是在原料、器具和設備方面，還是在技藝、裝潢方面都滲進了新的內容。

比如，「沙拉海鮮卷」是一款中西菜結合的品種，它取西式常用的沙拉醬（沙拉醬）製成西餐的「海鮮沙拉」，然後用中餐傳統的豆腐皮包裹，掛上蛋糊再拍上麵包屑入油鍋炸製，外酥香、內鮮嫩。沙拉醬、麵包屑都是舶來品，中西技法的巧妙結合，產生了獨特的風格。

5.地方菜品，融匯結合

地方菜品的創新，既可獨闢蹊徑，也可以借鑑嫁接。地方菜品的嫁接融合，是指將某一菜系中的某一菜點或幾個菜系中較成功的技法、調味、裝盤等轉移、應用到另一菜系的菜點中以圖創新的一種方法。從古到今，菜點創新從來就沒有離開這一方法。如南京的一位廚師創作的「魚香脆皮藕夾」就採用了地方菜品的巧妙嫁接，特點鮮明。他將幾個菜系的風格融匯結合：取江蘇菜藕夾，用廣東菜的脆皮糊，選四川菜的魚香味型做味碟，確實是動了一番腦筋。

地方菜的嫁接，也不侷限於同一菜系之間。具有近千年歷史的「揚州獅子頭」，經江蘇歷代廚師潛心研究、實踐，移植製作了許多品種，如清燉蟹粉獅子頭、灌湯獅子頭、灌蟹獅子頭、八寶獅子頭、葷素獅子頭、馬蹄獅子頭、蟹鰻獅子頭、蛋黃獅子頭、泡菜獅子頭、魚肉獅子頭、初春河蚌獅子頭、清明前後筍燜獅子頭、夏季麵筋獅子頭、冬季鳳雞獅子頭等等，都是膾炙人口的江蘇美味佳餚。

6.麵點皮餡，重在變化

麵點實際上就是皮與餡的結合。麵點的成品特色、外觀感覺都依賴於皮坯料，所以挖掘和開發皮坯料的品種，是開發麵點製品的重點。如高粱、玉米、小米等特色雜糧的充分利用；蓮子、馬蹄（荸薺）、紅薯、芋艿、山藥、南瓜、栗子、百合等菜蔬果實的變化出新；赤豆、綠豆、扁豆、豌豆、蠶豆等豆類的合理運用；新鮮河蝦肉、魚肉經過加工亦可製成皮坯，包上各式餡心，可製成各類餃類、餅類、球類等；將新鮮水果與麵粉、米粉等拌和，可製成風味獨具的皮坯料品種。

麵點貴在吃餡，麵點在調餡時要根據各地人的飲食習慣、喜好，合理調製餡心。在開拓餡心品種時，可以借鑑菜餚的製作與調味，在加工中注意刀切的形狀。如西安的餃子宴，注重調餡的原料變化，大膽採用各種調味料，使製出的餡心多彩多姿。品嘗「餃子宴」，也是在品嘗各種山珍海味、肉禽蛋奶、蔬菜雜糧的大會聚，這確實給餡心製作開闢了一條廣闊的道路。

中國麵點品種的發展，必須要擴大麵點主料的運用，調製風格不同的餡心，使中國的雜色麵點和風味餡心形成一系列各具特色的風味，為中國麵點的發展開拓一條寬廣之路。

本章小結

本章系統介紹了中國烹飪技藝的基本特點，主要表現在：原料使用上的嚴格選料、因材施藝；刀工上的切割精工、刀法多樣；調味上的精巧與變化；烹調上的用火精妙、烹法多變；點心製作上的注重麵糰特色和形態的變化；在菜點的裝盤上注重美食與美器的完美結合；在技藝追求上不斷開拓創新。只有全面地瞭解烹飪技藝的基本特點，才能更深刻地認識中國烹飪文化的內涵。

思考與練習

1.在菜品的選料上應把握哪幾個方面？

2.中國烹飪的調味技藝有哪些基本特點？

3.熱菜常用的烹飪技法有哪幾種？

4.在麵糰製作中，常用的麵糰有哪幾種類？

5.菜點創新的主要思路有哪些？

第 4 章 中國烹飪與菜品審美

本章重點

中國菜品之多之美，是其他任何國家都無可比擬的。本章將從菜品審美的角度出發，分別介紹菜品的審美原則以及色、香、味、形、器、名等諸方面美的要求和如何去準確評價菜品的優劣等。透過學習，可以比較全面地瞭解中國菜品的審美要求，瞭解中國菜品享譽世界的內在原因。

內容提要

透過學習本章，要實現以下目標：

●掌握菜品審美的基本原則

●瞭解色彩與造型的審美要求

●瞭解味覺與嗅覺的審美要求

●瞭解配器與裝飾的審美要求

●瞭解菜點的評價標準

中國菜餚花樣繁多，技藝精湛，在很大程度上表現在烹飪工藝巧妙的審美變化上。1950年代以來，中國菜品的製作也不斷湧現出新的風格。數以千計製作精巧、富有營養的菜品，像朵朵鮮花，在中國食苑的大百花園裡競相開放。這些味美可口、千姿百態、外形雅緻的「廚藝傑作」，構成了一種完美的、具有中國特色的烹調藝術。

第一節 中國菜品的審美原則

中國菜品工藝精湛，獨步烹壇著稱於世，與變化多端的製作工藝有密切的關係。中國烹飪經過歷代烹調師的苦心鑽研，新的工藝方法不斷增多，新的菜餚品種不斷湧現。許多烹調師在菜品製作與創新中，都善於從工藝變化的角度尋找菜餚變新的突破口。而菜餚主要的功能是供人食用，它與其他工藝造型有質的區別，既受時間、空間的限制，又受原材料的制約，因此，在製作時應遵循以下幾條原則。

一、食用與審美相結合

在菜餚的食用與審美關係中，食用是主要方面。菜餚製作工藝中一系列操作技巧和工藝過程，都是圍繞著食用和增進食慾這個目的進行的。它既要滿足人們對飲食的慾望，又要使人們產生美感。經過藝術加工的菜品與普通菜餚的根本區別，在於它經過巧妙的構思和藝術加工，成了一種審美的形象，對食用者能產生較好的藝術感染力。而普通菜餚一般不注重造型，菜餚成熟後就直接從烹煮的鍋內盛入盤子或碗碟中。

在創作有一定造型的熱菜時，製作者必須正確處理食用與審美之間的關係。任何華而不實的菜品，都是沒有生命力的。所以，需要特別強調的是，菜品不是專供欣賞的，如果製作者本末倒置，必將背離烹飪的規律。脫離了食用為本的原則，單純地去追求藝術造型和美感，就會導致「金玉其外，敗絮其中」的形式主義傾向。現代餐飲經營竭力反對那些矯揉造作的「耳餐」、「目餐」，以食用性為主、審美性為輔，兩者完美結合的藝術菜品才是人們真正需求和希望的具有旺盛生命力的菜品。

二、營養與美味相結合

藝術菜品的形式美是以內容美為前提的。當今人們評判一款菜品的價值最終必定落在「養」和「味」上，如「營養價值高」、「配膳合理」、「美味可口」、「回味無窮」等。菜品製作的一系列操作程序和技巧，都是為了使菜品具有較高的食用價值、營養價值、能給予人們美味享受，這是製作菜品的關鍵所在。

在飲食活動實踐中，人們正在同時運用多種標準對菜品進行評判。其一，味美；其二，色香味形質器養意；其三，營養平衡；其四，安全衛生；其五，養生保健；其六，符合有關法規。這些標準，每一條都有自己獨特的規定性，在菜品創製時，應該綜合運用。在一般情況下，這個標準體系中的內容，按其重要性，應該是營養平衡第一，味美第二。人們在實踐中容易犯的最大錯誤就是往往把「味」排在第一位，而不是把營養平衡排在第一位，甚至只講「味」這一條。大大小小的疾病，特別是「現代文明病」，不少是由於長期營養不平衡引起的。

在菜品的製作中，我們要正確處理營養與美味的關係，在菜品的配置中，做到營養與美味相結合，注重菜品的合理搭配，在烹飪過程中，儘量減少營養成分的損失，更不能一味地為了造型、配色而不顧產生一些對人體有害的毒素。從某種意義上說，烹飪工作者應引導人們用科學的飲食觀約束自己的操作行為，使菜品可同時符合營養好、口味佳、造型美這三要素。

三、質量與時效相結合

一款菜品質量的好壞，是其能否推廣、流傳的重要前提。質量是一個企業生存的基礎。影響菜品質量的因素是多方面的，用料不合理、構思效果不好、口味運用不當、火候把握不準等都會影響菜品的質量和審美。在保證菜品質量的前提下，還要考慮到菜品製作的時效性。如今，過於費時的、長時間人工操作處理的菜餚，已不適應現代市場的需求，過於繁複的、不適宜大量生產與快速生產的耗時菜品也是質量不足的一個方面，它不僅影響企業的經營形象，也影響企業的經濟效益。

現代廚房生產需要有一個時效觀念，我們不提倡精工細雕的造型菜，提倡的是菜品的質量觀念和時效觀念相結合，使製作的菜品不僅形美、質美，而且適於經營、易於操作、利於健康。

四、雅緻與通俗相結合

中國菜品的造型豐富多彩，可謂五光十色、千姿百態。按菜品製作造型的程序來分，可分為三類：第一，先預製成型後烹製成熟，球形、丸形以及包、捲成形的菜品大多採用此法，如獅子頭、蝦球、石榴包、菊花肉、蘭花魚卷等。第二，邊加熱邊成型，如松鼠鱖魚、玉米魚、蝦線、芙蓉海底鬆等。第三，加熱成熟後再處理成型，如刀切魚麵、糟扣肉、咕咾肉、宮保蝦球等。

按成型的手法來分，可分為包、卷、捆、扎、扣、塑、裱、鑲、嵌、瓤、捏、拼、砌、模、刀工美化等多種手法。按製品的形態分，可分為平面型、立體型以及羹、餅、條、丸、飯、包、餃等多樣。按其造型品類分量來分，可分為整型（如八寶葫蘆鴨）、散型（如蝴蝶鱔片）、單個型（如靈芝素鮑）、組合型（如百鳥朝鳳）。

菜品的造型，不光是指宴會高檔菜和單點特色菜，較普通的菜品也可簡易「描繪」圖案，如蛋黃獅子頭、茄汁瓦塊魚、芝麻魚條等也同樣需要有藝術的效果和藝術的魅力。同樣是一盤「葷素魚餅」，魚餅的大小、規格一致會激發人的進食慾望，而大小不勻，造型不整，就會降低人們的進食興趣，質地僵硬、加熱焦糊、外形軟攤，都不是魚餅應有的風格。菜品造型要注意雅俗共賞，將技術含量和藝術效果貫穿於生產製作的始終，菜品不論高低貴賤，都應注意造型效果。

第二節 菜品色彩與造型審美

一、菜品的色彩審美

菜品的不同色彩可給人不同的美感。中國烹飪對菜品色彩的配置和運用，尤為重視和講究。菜品的顏色可使人產生某些奇特的感情。菜點的色彩和人們的口味、情緒、食慾之間，也有某種內在的聯繫。

（一）烹飪色彩的運用

烹飪藝術屬於實用性藝術，在色彩的表現和運用上與其他藝術門類所不同的是只能限制在烹飪原料的色彩範圍內，對於食用色素是不能隨便濫用的，烹飪的色彩運用有它獨特的藝術手法。

1.食品天然色彩搭配法

利用蔬菜、肉食、水產品等食物本身具有的天然色彩進行調色，是烹飪色彩運用的最主要的手法。烹飪原料本身有著十分豐富美妙的色彩，這些色彩本身一般都可以組合成美的形象。烹飪原料的固有色有：

紅色：如番茄、胡蘿蔔、紅辣椒、山楂、草莓、櫻桃、火腿、香腸、紅腐乳等；黃色：如蝦米、蟹黃、油發蹄筋、雞蛋、橘子、金針菜、芥末、咖哩粉、冬筍、老薑等；黑色：如黑木耳、黑芝麻、黑豆、黑棗、豆豉、海參、烏骨雞、蠍子等；綠色：如菠菜、芹菜、油菜、香菜、青椒、韭菜、蒜苗、雪裡紅、豌豆苗等；白色：如熟山藥、茭白、銀耳、豆腐、白蘿蔔、馬蹄、大白菜、熟蛋白、熟雞胸肉、牛奶、水發燕窩、白糖等；褐色：如花菇、海帶等；紫色：如紫甘藍菜、紫菜、豆沙等；醬色：如豆瓣醬、甜麵醬、海鮮醬、醬牛肉等。

製作菜品的天然食用色劑有：黃色：如蛋黃液等；白色：如蛋白液、蒜汁、奶湯等；綠色：如菠菜葉汁、薺菜葉汁等；紅色：如紅麴米汁、莧菜汁等；黑色：如烏飯汁等。這些原料，都可作為烹飪工藝中的調和色彩，進行有目的的搭配。

要達到烹飪色彩審美的效果，首先要把握好配色的技巧。根據色彩學的原理，菜點的配色要注意以下幾個方面：

（1）講究鮮明與協調。在配製菜品時，用對比的方法調配出的色彩是鮮明生動的，即行話說的「岔色」。口訣是：「青不配青，紅不配紅。」如「四喜餃」，在四個孔洞中配色，可用紅的胡蘿蔔末、綠的青菜葉末、黃的雞蛋黃末、黑的香菇末，四色對比，顏色就十分鮮明生動。協調是指色調的和諧統一。凡是色環上的鄰近色（紅與黃、綠與青）調配出來的色彩就雅緻清爽，即行話說的「順色」，如菜餚「珊瑚燒雞」，雞肉是牙黃色，胡蘿蔔是深紅色，紅黃相襯，就十分雅緻。

（2）搭配主色與附色。主色在美學上稱為「基調」。就烹飪而言，一個菜的顏色也要分清主次，一般應以主料的色為「基調」，以輔料的色為「附色」，附色只有點綴、襯托作用。如「芙蓉雞片」是以雞肉的白色為「基調」，撒點兒紅色的小顆粒，起點綴作用；如果撒得太多，不分主次，就失去了美感。

（3）把握單色與跳色。有些本色的菜點，可以不配其他顏色，讓它成一個單色菜餚，如大紅、翠綠、玫瑰等跳動的色塊，都能給人心曠神怡的感覺。但必須用盛器的色彩加以襯托，菜點的本色才能「跳」出來。如純白的菜點，配以帶色的瓷盤，白色就突出了。

2.調料加色法

利用調料的顏色，可以製成色彩多樣的菜點。如豆瓣、醬油可以烹製出紅色的菜餚，像豆瓣魚、紅燒肉等；加飴糖的菜品可以烤出金黃色，像北京烤鴨、烤乳豬等；加入番茄醬可製成紅色的松鼠鱖魚、菊花魚、咕咾肉、茄汁牛肉等；叉燒包子白中露出淺黃，是因為餡心中放入了醬油、番茄沙司等；甜醬可以烹製出醬黃色的菜餚，豉油可以烹製出黑色的菜餚等。

3.烹製起色法

蔬菜、肉類及麵點在加熱過程中色彩都會發生變化，如炸魚、炸肉，初炸是黃色，再炸是焦黃色，久炸就變成黑棕色。麵點熟製，如油炸麻團、油條、麻花，經高溫油炸後，由原來的白色變為金黃色、深黃色；炸油酥製品類，如盒子酥、眉毛酥、海棠酥、蘭花酥等，採用溫油炸製，其色彩比生坯更白；經烤製的燒餅、煎製的大餅，成熟後變為金黃色。汆蔬菜時間短，起鍋冷卻快，色彩鮮豔。所以菜點的色彩，在很大程度上取決於烹調師、麵點師的烹製技術。

（二）色彩對飲食的心理影響

菜品的顏色可引起人們對食物的注意、聯想，引起人們不同的食慾和心理活動，進而對食物產生不同選擇。

1.色彩是鑑別食物的前提

人們在就餐過程中，對食物的選擇首先是根據視覺色彩。比如，在自助餐中，當人們拿起餐盤去取食物的時候，往往是選擇色澤鮮豔的菜品。試想假如燒雞塊成了黑褐色，炒青菜成了土黃色，馬鈴薯絲都是一些銹色的斑點，就餐者的情緒定會一落千丈。所以，由食品色彩產生的聯想具有很強的心理作用，影響著人們就餐的好惡情緒。

2.色彩影響人們的食慾

菜品色彩的絢麗明快、光彩奪目，既能滿足人們的色彩審美需求，又能增進人們的食慾、活躍宴會的氣氛、啟迪人們的思維。菜品的色彩調製往往是烹飪高手的基本功之一。為了使消費者在色彩審美感受上得到滿足，烹製菜品就要在色彩的合理組合上、輔料色彩襯托點綴主料的關係上特別用心。只有具有一定的審美能力，才能使菜品色彩濃淡相宜、相映成趣。

廣東名菜烤乳豬，最顯著的特點就是使人一見其金黃色的外表便食慾倍增，所以古人稱讚它：「色同琥珀，又類真金；入口則消，狀若凌雪，含漿膏潤，特異凡常也。」其色之美，其味之香，堪稱一絕。

二、菜品的造型審美

菜點的造型工藝是烹飪藝術的主要內容之一。但烹飪審美中的形的表現，要受到食物原料特性的制約，也受到工藝過程的制約，它不能像繪畫那樣隨心所欲，也不能像雕塑那樣隨意造型。

菜品的形狀是由視覺產生的，凡烹飪原料都是有形狀的，不過，有的經過加工以後改變了原料的形狀，製成菜品後又有了新的形狀。中國烹飪藝術中的形，一方面是指製作成品的藝術造型，另一方面是指原料經烹飪後的形狀，這個形，不僅是美化處理，也是出於烹飪加工的需要，原料處理後的形，首先要求使菜品易於入味、富有營養、便於食用，然後再考慮美化造型這一因素。

菜品中的形的構成，大致有三種類型：一是以原料自然形構成。如鴿蛋的橢圓形呈玲瓏之態，魚、蝦有自然之美的形態等。這種利用原料的自然形態構成的菜餚，最能體現原料本身的面貌特色，沒有任何人為雕琢。二是由原料解體切割而成。即將原料進行解體分檔，然後根據需要加工成塊、片、絲、條、丁、粒、末、茸等一般形狀以及各種花式形狀，組成菜餚，如腰花、魚卷等。這些菜品是利用嫻熟的刀工技巧，將原料切割、分解並創造出均勻的節奏和韻律之美。三是透過裝配構成。它不僅關係到菜品的外觀，而且直接影響到烹調和菜品的質量，是配菜的一個重要環節。如塊配塊、條配條、絲配絲等，有些則利用其他的工藝手法如卷、疊、包、鑲等，使菜品的整體美感得到充分的發揮。

總之，菜品的形狀之美，是透過人的觀賞反映到大腦中，使菜品增加美的感染力，這是目的所在。因此，要求菜品的形狀設計必須做到主題鮮明、構思新穎、形象優美、色彩明快，從而使人們輕鬆愉快地透過視覺觀察到菜品整體的美而增加對美食的興趣。

（一）刀切變形審美

烹飪的形象塑造，主要是利用刀工技藝完成的。透過刀切，使烹飪中的大塊和整隻的原料變為小型可取食的食物，經過有規則的刀工處理，可使食物成熟一致、整齊美觀、造型生動。

1.原料刀切的 般形狀

一款菜點，往往要由多種原料搭配組合，這不僅是味覺的需要，也是營養搭配的需要。當多種原料組合時，要注意形狀的和諧搭配，如絲配絲、丁配丁、條配條等，這是保證原料在烹調加熱中成熟一致。刀切的一般形狀有塊、條、絲、片、丁、粒、茸等。具體的形態更為複雜：塊有菱形塊、大方塊、小方塊、長方塊、滾刀塊、葫蘆塊等；條有長方條、圓柱條、扁平條等；絲有粗絲、中絲、細絲；片有圓片、橢圓片、指甲片、方片、三角片、菱形片、矩形片、梅花片、夾刀片等。丁有大丁與小丁之分，一般丁的大小為1立方公分；粒有粗粒（約0.7立方公分）、細粒（約0.5立方公分）；茸或泥，是將原料剁成漿狀，透過加工可製成丸、餅、球等形。

2.刀工美化形態

刀工美化就是在原料的表面運用各種刀法，剞上相當深度的各種刀紋，經過加熱後捲曲成各種美觀的花紋，如在豬腰片上剞交叉刀紋，可製成「炒腰花」；在魷魚片上剞刀紋，可以烹製成「魷魚卷」；在豆腐乾上兩面斜角各切上平行刀紋，可做「蘭花乾」；在魚肉上剞交叉刀，可製成「松鼠魚」等。

刀工美化可透過各種有趣的裝飾紋樣，使大面積的原料避免光禿禿的單調感，另一方面，它也會使原料在烹調時容易進味和均勻成熟。

（二）烹飪造型審美

烹飪的形象塑造，除刀工製形外，還有烹飪的配形。在烹飪藝術中刀工製形是前奏，烹調配形是主旋律，兩者配合才能體現烹飪藝術的整體造型。常見的造型方法有包、卷、碼、捆、疊、夾、抻、嵌、擠、扣、拼、捏等等。這些方法是形成中國傳統菜點的重要工藝環節。

1.包

包是將一種原料作皮，另一些原料作餡，加上各種包製方法，形成一種形體，如紙包雞、荷葉包肉、蛋餃、燕皮餛飩等。在麵點中，應用更為廣泛，如包子、餃子、餡餅、粽子、春捲等。

2.扣

扣就是將切得很整齊的原料碼排在碗或盅中加調料蒸熟，再反扣在另一盤中，揭去碗或盅即成。此法就是藉碗或盅作模具，成品的造型就是模具的形狀，如扣肉、扣雞、葵花鴨子、荷葉猴頭菇、天鵝孵蛋以及八寶飯、八寶枇杷等等。

3.擠

擠是將有韌性的蠟紙捲成頭小尾大的漏鬥形，再將紙筒剪去尖端，放入泥茸狀的擠料，用力推、捏、擠，用裱花嘴尖端描繪各種圖案的造型方法。如各種裱花蛋糕以及用布袋擠成的芙蓉玉扇、梅花龍鬚等菜餚。

4.捆

捆是將原料加工成條或片，用黃花菜或海帶、髮菜、乾絲等一束束地捆紮起來，製成一定形狀的造型方法。如柴把金針菇、柴把雞、柴把鴨等菜餚。

（三）麵點塑造審美

麵點的造型與美術中的雕塑方法十分接近，其中，搓、包、卷、捏等技法屬於捏塑的範疇；切、削等手法又與雕刻技法相通；鉗花、模印、滾沾、鑲嵌也近似於平雕、浮雕、圓雕的一些手法。可以說，麵點造型工藝是一種獨特的雕塑創作。蘇州船點的可愛造型與無錫惠山泥人異曲同工。

麵點品種中的包、餃等形態的捏塑與其他捏塑工藝是相通的，其不同點就是麵點用於食用，欣賞時間有限。中國麵點師在長期的操作實踐中，掌握了許多適於麵點製作的造型藝術手法以及熟製變形的手法，許多食品造型維妙維肖、栩栩如生。

（四）裝盤造型審美

裝盤是形、色、器的藝術組合，要注意圖案的組成與菜品色、形美的關係，懂得形式美的一般規則等。在盛器準備好後，需要運用美術技巧進行裝盤。一般造型美的裝盤方法有排列、拼擺、對稱、均衡、間隔、堆疊、韻律、圖案等。

1.排列

排列就是將經過刀工處理或烹調後的單個的食物按一定次序排列在盤子中，如蓑衣黃瓜、小籠蒸餃等。

2.拼擺

拼擺就是將兩種以上的烹製成熟的食物在盤中均勻地拼擺成一定形狀，如什錦拼盤、各客拼盤等。

3.對稱

對稱就是放在盤子中的食品要兩邊相同，有左右對稱、上下對稱、三面對稱、四面對稱等幾種類型。還有更複雜的如太極菜點、雙味蝦球等。

4.均衡

均衡就是左右並不相同，而能保持平衡，無偏重之感，如一物兩做、一菜兩吃的格局。

5.間隔

間隔就是將兩種以上不相同的東西互相併列或分隔開來的方法。

6.堆疊

堆疊就是將加工成一定形狀的熟食品，堆疊成立體形狀的裝盤方法，如堆疊成橋形、寶塔形、城堆形等。

7.韻律

韻律是指造型有規律地抑揚變化。圖形中的漸大漸小、漸長漸短、漸增漸減，色彩上的漸濃漸淡等等，都是韻律的表現。

8.造型圖案

造型圖案是指透過構圖設計，利用多種不同色彩的原料，在盤中擺放成各種象形圖案的造型。如雄鷹展翅、孔雀開屏等。

（五）雕刻造型審美

食品雕刻造型手法是在借鑑了玉雕、雕塑、浮雕、木刻、繪畫等造型藝術的表現手法的基礎上演變而來的。它不同於熱菜造型、冷菜拼擺、麵點包捏等造型，食品雕刻不以味取勝，而是以雕刻的刀法為主，注重立體造型。它使用的原料主要是蔬菜和瓜果，在蔬菜中，以根莖類為主，果菜類次之。使用的刀具是幾種雕刻刀。在大型宴會上，它主要用來美化環境和渲染氣氛，具體雕刻的形態種類有以下幾種。

1.花卉雕刻

花卉雕刻是食品雕刻的基本刀法，形態仿造自然界花卉，應用範圍最廣，從大型宴會到家庭的餐桌都可用它作裝點。在雕刻之前，要多觀摩各種花的姿態，為以後的整雕、瓜盅、瓜燈的製作以及設計、創新打下一定的基礎。

2.整雕

整雕造型與雕塑造型很相似，部分整雕使用一些不同顏色的原料進行裝點。整雕的一般步驟是：首先雕刻出外形輪廓，然後進行細緻雕刻。

整雕可雕刻出許多動植物形態，如公雞、仙鶴、龍、孔雀、鳳凰、大蝦、金魚、蘋果、葡萄、桃以及花瓶、寶塔等。

3.瓜盅與瓜燈雕刻

瓜盅是將雕有圖案的瓜作為盛放菜餚的一種容器。其作用不僅是為了盛放菜餚，更主要的是美化菜餚。其表現手法與繪畫中的白描很接近，與剪紙藝術很相似，但不是用筆，而是用刀具來勾勒出圖案，靠顏色的反差來表現圖案。

瓜燈是食品雕刻中難度最大的一種。據說，最初瓜燈是仿造燈籠製作的，後來經發展，現已成為藝術性極高的食品雕刻造型。瓜燈的原料主要是西瓜，但製作很複雜，除在其表面雕刻出一些可向外凸出的圖案外，還要雕刻出環和扣，使瓜燈的上部和下部離開一定的距離。這些環和扣不但要起連接作用，而且形狀還要美觀，雕刻完備後挖去瓜瓤，放入蠟燭或通電的燈泡。瓜燈雕刻使用的刀法較特殊，其環、扣和向外凸出的圖案種類很多，運用也很靈活，只有具備一定的雕刻技藝和美術常識，才能雕刻出藝術性較高的瓜燈來。

4.冰雕與瓊脂凍糕雕

冰雕與瓊脂（洋菜）凍糕雕是近十多年來在中國旅遊飯店興起的獨特雕刻技術。它主要具有裝點和美化餐廳以及渲染宴會、雞尾酒會、冷餐會氣氛的作用。冰雕是用冷凍冰塊雕琢而成的。冰雕裝飾物一般需要藉助不同顏色的投射燈光來照射，以襯托其美感，增加效果，因為適當的燈光投射往往能恰如其分地增添冰雕裝飾的質感與感染力。其特點是晶瑩透明，清澈明亮，立體感強，但保留時間較短，易融化。

瓊脂凍糕雕刻利用瓊脂為原料，將乾瓊脂浸泡蒸熔或用小火煮製使其熔化成液體後，調入果蔬汁或食用色素等，倒入潔淨的方盤內，待冷卻後成初坯，再進行雕刻造型，製作成不同風格題材的雕刻作品，如假山、龍鳳、人物、動物、波浪等。雕刻下來的瓊脂凍可反覆加熱使用。瓊脂雕的原料不受地域性、季節性限制，成品如美玉，似翡翠，晶瑩剔透，給人以強烈的視覺美感，特別是能有效地降低原料的成本。

第三節 菜品嗅覺與味覺審美

一、菜品的嗅覺審美

當我們跨進家門，如果從廚房裡飄來了燉老母雞湯的濃濃的雞香味，就會頓覺食慾大開。這就是嗅覺在烹飪中的作用。

嗅覺往往先於味覺，有時也先於視覺。人們在攝取食物時，最初的印象就來自於視覺和嗅覺。菜餚在沒有端上桌子之前，鼻子就可以聞到香味了。香氣可以誘發聯想，可以引起人們對食物的審美。對精美的食物產生的種種遐想本身，就是一種美的享受。

一些原盅燉品、湯羹等菜在客人面前才能揭蓋或撕開封蓋的錫紙，熱氣騰騰的香美之味噴薄而出，一能使香氣在席上散發誘人食慾，二能顯示菜餚的華貴豐美和高雅檔次。

菜品中的香是構成優質菜餚的重要屬性。美好的香氣，可誘人食慾，使人垂涎。讚美福建名菜「佛跳牆」的詩句「壇啟葷香飄四鄰，佛聞棄禪跳牆來」可謂是對菜餚香氣誘人食慾的精妙的描繪。

香氣是在合理烹調過程中形成的，其方法主要有三個方面。

（一）烹調加熱使香氣外溢

一般的食物原料本身並沒有香味，其香味主要是透過加熱烹調產生的。植物香料所含有的芳香物質，在低溫環境下不易釋放出來，菜品的香味主要是透過廚師們巧妙的搭配和合理的烹調而獲得的。如透過水煮、油炸等方法破壞食物的組織，使芳香物質大量釋放出來，可以增加菜品的香味。炒菜因氣化揮發的物質較多，比冷菜有更濃的香氣。另外，烹調時若能使那些有香味而容易揮發氣化的物質免於流失，也可增加菜品的香氣。

（二）添加香料以豐富香味

烹飪原料中的作料，大都含醇、醛、酯類等揮發性的芳香物質。例如，大茴香的香味來自所含的大茴香醛；桂皮來自桂皮醛；蔥及大蒜來自二丙烯及二硫二丙烯；麴酒來自所含的雜醇和酯類；香蕉和柑橘則來自乙酸戊酯和橙花醇。另外，醬油、醋、生薑、胡椒、玫瑰、奶酪、薄荷等也都帶有一定的香味。烹調菜餚時，適當加入這些香型原料，會增加食物的香味。

（三）利用氣味混合誘發新的香味

在菜餚烹製過程中，將多種不同原料的香味進行轉變可產生一種新的獨特的香味。如川菜「魚香肉絲」，就是利用泡辣椒絲、蒜泥、薑末、蔥絲、料酒、醬油、醋、辣油等作料來烹製的。作料中的許多有機物質的相互結合，產生出一種恰似魚香的味道，就連肉絲中也帶有鮮美的魚香滋味。

上面三種情況是菜品香味形成的原理。菜品原料本身雖含有極其豐富的營養成分，但含有香氣的卻很少。從香味形成的原理可以看出，大部分原料要經過加熱和調味才能顯現出來。而且在眾多的可食性動植物原料中，又往往有一部分原料含有腥羶臊臭等不良氣味，必須經烹調後方能除掉。

二、菜品的味覺審美

一般而言，菜餚的滋味一方面來自於食物本身，另一方面來自於調料。古代把味分為酸、甜、苦、辣、鹹五種。目前，在中國烹飪中，習慣將基本味列為酸、甜、苦、辣、鹹、鮮、麻、香八種。當時的人們對調味有許多獨到的見解，並積累了許多寶貴的經驗。早在先秦時期，古人就講究五味調和了。《呂氏春秋．本味篇》說：「調和之事，必以甘、酸、苦、辛、鹹，先後多少，其齊甚微，皆有自起。鼎中之變，精妙微纖。」這是中國古代早期調味理論的經驗總結。

清代袁枚的《隨園食單》特別列了「作料須知」和「調劑須知」。在「調劑須知」裡，指出了味的調和要「相物而施」，酒、水的並用或單用，鹽、醬的並用或單用等，需要加以區別對待，不能死板一律。袁枚的許多調味主張，進一步完善了中國古代烹飪的調味理論。

中國古代的調味理論指出，要運用烹飪的技術手段，將各種調味品進行巧妙的組合，並運用加熱的技術，調製出變化精微的非常適口的多種味道來。這就是中國古代調和五味的基本原理。

（一）味與味覺

廣義的味，既包括人們喜愛的美味，也涵蓋著人們不能接受的惡味，甚至還包括像水那樣的無味之味。味，對人類來說，就是用感官來識別物質滋味的一種化學反應。

在人們口腔的舌頭上，排列著許多形狀像楊梅一樣的乳頭，在乳頭上面和周圍又有許多極小的顆粒，這些小顆粒叫味蕾。人的舌面有上萬個味覺器（味蕾），它由感覺上皮細胞（味覺細胞）和支持細胞所組成，分布在舌乳頭、　、咽等處上皮內，以輪廓乳頭上最多。味蕾頂端有一小孔，開口於上皮表面，稱為味孔。當食物中的可溶性成分進入味孔時，味覺細胞受刺激而興奮，透過味神經纖維傳達到大腦的味覺中樞，再經過大腦的分析判斷而產生味覺。

味覺是人類辨別外界物體味道的感覺，即某種物質刺激味蕾所引起的感覺。味覺主要由舌面的感受產生，舌對味的感受是敏感的，但不同部位對味覺又分別有不同程度的敏感性。一般舌頭對甜味最敏感，而舌尖和邊緣對鹹味最敏感，靠腮的兩邊對酸味最敏感，而舌根部則對苦味最敏感，但這些也不是絕對的，有時有些差異。

味覺器官的敏感度會隨著人的年齡的變化及性別、身體狀況、生活習慣和食品溫度等不同而有一定的差異。例如，兒童對甜味的敏感度比老人強；婦女對酸味的敏感度比男人強；健康的人味覺比病人強。同時，食品的溫度對人的味覺影響也很大，當溫度很低（接近0℃）或高於45℃以上時，味覺就要減弱。例如5%的砂糖溶液，其溫度升到100℃時甜度一般，待冷卻到35℃時就覺得甜多了，這就是說，呈味物質在接近人的體溫時，人的味覺敏感度較強。有人做過實驗，其結果表明，在0℃時鹹度的味值是常溫時的1／5，甜度為1／4，苦味則為1／30，只有酸味變化不大。刺激味覺的較理想的溫度為10～40℃，其中28～33℃時味覺器官對刺激最敏感。若是在10～40℃之外的溫度範圍，對人們的味覺神經器官的刺激強度則有所降低。

（二）味覺差異與調味變化

「食無定味，適口者珍」。應該説，食物菜品滋味的好壞，只有相對的標準。不同的人存在著感受上的差異。如年齡，成年人由於閱歷較多，味覺的寬容度一般大於孩子。又如文化，文化水準較高者一般在飲食中能獲得更多的審美愉悅。還有性格、愛好和地區的不同會給人們的口味要求打上不同的印記，產生一定的味覺偏差。

掌握好調味是製作菜餚的關鍵。在製作中，由於原料、季節和各地情況的不同，因而在調味時可遵循一些基本的原則。

1.根據原料的不同性質調味

「調劑之法，相物而施」。為了保持和突出原料的鮮味，去其異味，調味時對不同性質的原料應區別對待。

新鮮的原料應突出本身的滋味，不能被濃厚的調味品所掩蓋。過分的鹹、甜、辣等都會影響菜餚本身的鮮美滋味，如雞、鴨、魚及新鮮蔬菜等。凡有腥羶氣味的原料，要適量加入一些調味品，例如，水產品、羊肉、動物內臟可加入一些料酒、蔥、薑、蒜、糖等調味品，以解腥去膻。對原料本身無鮮味的菜餚，要適當增加滋味。如魚翅、海參、燕窩等，烹製時要加入高級清湯及其他調味品，以補其鮮味的不足。

2.根據不同客源的生活習慣調味

東西南北中，經緯各不同。不同的地理環境，具有不同的自然條件，這種差異形成了各地區的風味差別。在菜品製作中，運用調味創新菜品，可使菜品具有廣泛的適應性。江蘇的「麵拖蟹」，到了東南亞增加了「咖哩味」，到了歐洲中餐館，投放了「黃油」，增加了香味，這是口味變化與改進的結果。

由於一個國家、一個地區的氣候、物產、生活習慣的不同，口味也不盡相同。如日本人喜歡清淡、少油，略帶酸甜；西歐人、美洲人喜歡微辣略帶酸甜味，喜用辣醬油、番茄醬、葡萄酒作為調料；阿拉伯人和非洲的某些地區的人以鹹味、辣味為主，不愛糖醋味，調料以鹽、胡椒、辣椒、辣椒油、咖哩粉、辣油為主；俄羅斯人喜食味濃的食物，不喜歡清淡。由於人們口味上的差別很大，因此在調味時必須根據人們口味的不同來調味。

3.根據季節的變化合理調味

傳統調味理論認為，人們的口味往往隨季節、氣候的變化而有所改變。例如，夏天清淡，菜色較淺，冬天濃厚，菜色較深。因此，應在保持菜品風味特色的前提下，根據季節的變化進行調味。

（三）味覺美的技術表現

味覺審美並不侷限於食物的滋味。一份菜餚不僅味道要好，而且在品嘗時從原料的質地、加工、溫度以及在咀嚼中的觸覺都要有愉悅感。

1.味覺的淡雅美

味覺審美是一種感性活動。在味覺審美的過程中，人們不斷地發現美、追求美、體味美、創造美。清淡型調味強調質樸、自然的本味，能把人帶進一種典雅、雋永的審美意境。淡雅美不等於淡而無味，不是越淡越好，而是指淡而有味、淡而不薄、淡中見雅。它不過多地依賴調味品，而是巧妙地運用原料的天然本味，調味品只有輔助和襯托作用。「寄至味於淡泊」。淡雅的美味對味覺的刺激雖然不大，但內涵豐富而細膩，能使人在品味中引發更多的聯想和回味。

1980年代，蘇州作家陸文夫先生在他的《美食家》中，藉書中人物朱自冶之口，對烹飪調味作了精闢的論述：「說蘇州菜除掉甜菜之外，最講究的是放鹽。鹽能吊百味，如果在 肺湯中忘記了放鹽，那就是淡而無味，即什麼味道也沒有。鹽一放，來了， 肺鮮，火腿香，蓴菜滑，筍片脆。鹽把百味吊出之後，它本身就隱而不見，從來也沒有人在鹹淡適中的菜裡吃出鹽味，除非你把鹽放多了，這時候只有一種味：鹹。完了，什麼刀工、選料、火候，一切都是白費！」

2.味覺的新奇美

善於調味、追求新奇是中國烹飪的一種藝術表現。追求新奇是人的天性，美常常與新奇聯繫在一起。在飲食中，新和奇的食物與菜品能引起人們更大的興趣和更多的味覺美感。吃慣家常菜餚的人偶爾嘗到飯店的菜餚會難以忘懷；遊客總會在異地的傳統食品和風味小吃中獲得味覺的滿足，留下美好的印象；外國朋友在品嘗風味獨特的中國菜餚時，都會表現出極大的興趣。追求新奇的飲食心理使創新品種總是分外受人歡迎。

古今利用調味出新出奇的菜品是相當豐富的。在宋代林洪所撰的《山家清供》中有一種「釀菜」是相當精彩的，不僅口味新，造型也很奇異，此菜叫「蟹釀橙」，其製法是：「橙用黃熟大者，截頂，剜去穰，留少液，以蟹膏肉實其內，仍以帶枝頂覆之，入小甑，用酒、醋、水蒸熟，用醋、鹽供食。香而鮮，使人有新酒、菊花、香橙、螃蟹之興。」這份菜餚的製作是頗具匠心的，透過單一味烹製，加之跟碟之調料佐食，在品嘗時，其味無窮，別具一格。

第四節 菜品配器與裝飾審美

一盤美味可口的佳餚，配上精美的器具，運用合理而得當的裝飾手法，可使整盤菜餚熠熠生輝，給人留下難忘的印象。中國烹飪歷來重視美食、美器的合理匹配。美食與美器兩者是一個完整的統一體，美食離不開美器，美器需要美食相伴。

一、菜品的配器審美

（一）飲食美器的歷史變遷

飲食器具的演變，與社會生產力和烹飪技藝的提高密切相關。人們曾先後以陶、銅、鐵、髹漆、金銀、玉、牙骨、琉璃、瓷等質料製作烹飪器具，其中陶、銅、漆、瓷最為普遍。隋唐以後，繼陶器、銅器、漆器而興起的瓷器，耐鹼、酸、鹹，原料來源廣泛，既能精工細作，又便於大量生產，於是成了製作食器的主要材料。商周以後，在上層貴族中與銅、漆、瓷器並行的還有金銀、玉（包括瑪瑙、水晶）、牙骨、琉璃等食器。因其價格昂貴，所以始終是帝王豪門的奢侈品，一般人是無緣問津的。

在器具的發展中，食器的發展變化較快。最初，食器主要因功能不同而分化。如因盛放主、副食的需要，出現了用以盛飯和羹的簋、簠、盨，盛肉食的鼎、豆，盛湯的罐、缽，盛乾肉的籩，盛放整牛、整羊的俎及盛放乾鮮果品、滷菜和臘味的多格攢盒等。後來經過演變、規整，終於形成了現在的盆、盤、碟、碗等類餐具。

食器的美感也是促使食器翻新的重要因素。如新石器時代晚期的蛋殼黑陶鏤空高柄杯，器壁薄如蛋殼，杯沿最薄處僅0.1～0.2公釐，器表富有光澤，胎質細膩，質地堅硬，是當時具有代表性的食器。又如近年西安何家村出土的金、銀、玉、瑪瑙、水晶、琉璃高級食器及《孔府檔案》上所載的孔府餐具，其豪華和精美是一般人難以想像的。器、食之配合，既有一肴一饌與一碗一盤之間的配合，也有整桌宴饌與一席餐具飲器之間的和諧。杜甫詩中的「紫駝之峰出翠釜，水晶之盤行素鱗。犀筋厭飫久未下，鸞刀縷切空紛綸」（杜甫《麗人行》），描繪的就是楊國忠與虢國夫人享用紫駝、素鱗這樣華貴的菜餚，乃用翠釜烹飪而成，裝在水晶般的盤中，用犀角所造的匙、箸食具。

有關美食、美器的論述，清代文學家、美食評論家袁枚在他所作的《隨園食單》的「須知單」中，有專門一項「器具須知」，他說道：「古語云：美食不如美器。斯語是也。然宣、成、嘉、萬窯器太貴，頗愁損傷，不如竟用御窯，已覺雅麗。唯是宜碗者碗，宜盤者盤，宜大者大，宜小者小，參錯其間，方覺生色。若板板於十碗八盤之說，便嫌笨俗。大抵物貴者器宜大，物賤者器宜小；煎炒宜盤，湯羹宜碗；煎炒宜鐵銅，煨煮宜沙鍋。」論述如此之精到，使人感受到美食與美器有機結合的價值。

（二）食器的發展與審美

中國餐具一直具有科學化與藝術化結合的優良傳統。中國的餐具經歷了陶器時代、青銅時代、漆器時代、瓷器時代等不同歷史階段，其共同的發展規律是不斷追求衛生、安全、方便、經濟和日益美化。

從工藝上看，有以食料的形象製作的象形餐具，如魚形、鴨形、壽桃形、瓜形、螃蟹形、龍蝦形等等，形象逼真，栩栩如生；有各式各樣的仿古餐具，其製作模仿古代餐具花紋、外形、特色，但製作工藝更精細，外形更美觀、精良，如仿製青銅器時代的飲食器具，唐宋時代的杯、盤、碗等；各種現代化加工工藝生產的餐具不斷湧現，如薄膜、紙質、無公害物質生產的餐具，即使使用傳統的陶器、瓷器，其工藝、色質、耐用、美觀都將達到完美的地步。

美食配美器，好的菜餚需要有好的盛器襯托，綠葉護牡丹，方能相得益彰。隨著人們飲食觀念的變化，不僅對菜餚有更高的要求，同時對餐具的質地、造型，以及器皿與菜餚配合的整體效果也有更高的觀賞要求。古人云：美食不如美器。這並不是説菜餚的色、香、味、形不重要，而是從另一個方面強調了餐具在烹飪中的突出意義。中國烹飪素來把菜餚視為一個整體，其色、香、味、形、器這五大要素均缺一不可，認為這五者是同等重要的。

二、菜品的裝飾審美

菜盤裝飾的目的，主要是增加賓客的食趣、情趣、雅趣和樂趣，獲得物質與精神雙重享受的效果。

（一）菜品的盤飾與審美

從象形冷盤到象形菜餚，隨著人們的審美意識的提高，人們對菜餚的審美追求由菜餚本身的刀工、造型、美化進而發展到將造型、美化移植到菜體以外的盤邊，在這些變化之中，應該説人們的思路寬了，製作技術更雅緻了。縱觀其發展，現代人對中國烹飪的「形」和「盤飾」加以重視的主要原因有以下幾點：

（1）隨著社會的發展，人們的生活水準不斷提高，人們的審美意識在日益增強，對飲食的追求上升到不僅要求吃飽，而且要求吃「好」。好看的菜品，便成為人們的追求目標。

（2）中國在對外開放以後，中西飲食文化交流更為頻繁，西方烹飪對菜點形態、盤飾的重視，影響著中國烹飪技藝。一些西方的盤飾、造型在中國一步步地發展起來。

（3）當今人們生活質量提高，更為注重保健、方便的飲食風格，人們逐漸認識到，對菜餚長時間的擺弄，有損營養、衛生，而盤飾既美觀、保營養，又變化多端，還可滿足人們求新求變的需求。

（4）菜品作為商品，也需要有好的包裝設計。適當的盤飾包裝，可造成美化菜品、宣傳菜品、使菜生輝的效果。

（二）菜品盤飾的類型

盤邊裝飾，根據菜餚特點，給予菜餚必要和恰如其分的美化，是完善和提高菜餚外觀質量的有效途徑。通常這種美化措施是結合切配、烹調等工藝進行的。近年來，美化菜餚的方法突出盤飾包裝，為菜品創新開發了一條新渠道，把美化的對象由菜餚擴展到盛器，顯示了外觀質量的整體美，提高了視覺效應，造成了錦上添花的藝術效果。在菜餚盛器上裝飾點綴，其美化方法從製作工藝上看有以下幾種類型：

1.圍邊型

有平面圍邊和立雕圍邊兩類。以常見的新鮮水果、蔬菜做原料，利用原料固有的色澤形狀，採用切拼、搭配、雕戳、排列等技法，組成各種平面紋樣圖案或立雕圖案圍飾於菜餚周圍。

2.對稱型

利用和圍邊型同樣的原料和技法，將平面紋樣圖案或立雕圖案，擺飾於菜餚的兩邊，產生點綴裝飾的作用。

3.中間型

將和圍邊型同樣的原料製成的紋樣圖案或立雕圖案，擺飾於盛器的中間作為點綴，這類菜餚大多是乾性或半乾性成品，菜品圍在點綴物的四周或兩邊。

4.偏邊型

將蔬果原料加工成紋樣圖案或立雕圖案後，點綴於菜盤的一角或一邊，菜品放於中間和另一邊。

5.間隔型

一般用作雙味菜餚的間隔點綴，構成一個高低錯落有致、色彩和諧的整體，從而造成烘托菜餚特色、豐富席面、渲染氣氛的作用。

盤飾包裝的合理配置，會使菜餚整體形成一種新的優美式樣，產生一種新的意境，使盤飾後的菜餚顯得清雅優美，更加誘人。

我們應清楚地瞭解，菜餚的盤邊裝飾只是一種表現形式，而菜品原料和品位則是菜餚的內容。菜餚的形式是為內容服務的，而內容是形式存在的依據。如果「盤飾」的存在只單純讓人欣賞，只突出「盤飾」的雕刻的技藝，而忽視菜餚本身的價值和口味，那就失去了菜品「盤飾」的真正意義。

（三）盤飾審美及其價值

盤飾不拘一格，可為菜品出新提供一定的條件。如將生菜切成細絲；用機器絞蘿蔔絲；用機器刨蘿蔔片卷製成花；用雕刻的蘿蔔花、番茄、黃瓜、甜橙、檸檬製成裝飾物；用紫菜頭、紅辣椒、白菜心等製成各式花卉；用各種立體的雕刻等等。適當地裝飾可以給單調、呆板的菜餚帶來一定的生機；和諧的裝飾可以使整盤菜餚變得鮮豔、活潑而誘人食慾。

創新菜可以藉助於優雅、得體的裝飾而給人留下深刻的印象。講究菜餚的盤飾包裝，目的不在做菜餚的「表面」文章，而在於提高菜餚質量和飯店的整體形象。盤飾的主要作用有以下幾種：

（1）使盤中菜餚活潑、生動，沒有單調感，並且色彩美觀。

（2）客人在品嘗美味之餘，可欣賞到飯店廚師的雕刻和裝盤藝術，簡單的片形蔬菜、水果還可直接食用和調節客人口味。

（3）每一盤菜餚都以各色雕刻花卉鑲邊，使客人感覺到飯店與菜餚的檔次、水準，以及對客人的重視程度。

（4）盤邊留一裝飾處，可使菜餚盛裝得更為飽滿，並增強藝術效果。

透過盤飾包裝，可以把一些雜亂無章的菜餚裝飾得美觀有序；可以把平凡的盛器映襯得高貴；可以把單調、暗淡的菜餚裝點得光彩豔麗；可以使簡單平庸的菜餚變得生機勃勃。不少蔬菜、水果的裝飾，還可以供人們生食，作為葷食的配料，使菜餚營養搭配適宜。

第五節 中國菜品命名與評價標準

中國的許多品牌菜和特色菜都有一個好的菜名。一個響亮、上口、易記的菜名，不僅可提高商業推廣價值，而且能誘發人們對菜品質量產生美好聯想。因此，一款好的菜點，在注重質量的基礎上，擁有美好的名稱也是至關重要的。

一、菜品命名的方法

（一）菜品命名與審美

菜名之美，自古以來就是中國飲食文化的特色之一。如何巧妙利用菜名把飲食美帶給廣大顧客，這是一個藝術問題，也是值得人們去探討的事情。菜餚的命名並非隨心所欲，一是要名副其實，二是要引人食慾，三是要雅緻得體，四是要耐人尋味。中國菜餚的命名，大致可歸納為寫實和寫意兩類命名方法。

1.寫實法

寫實法，如實反映原料搭配、烹調方法、菜餚色味香形，或冠以創始者、發源地等的名字，並大多突出主料名稱。如主料加烹調方法的「清蒸大閘蟹」、「炸豬排」；主料加配料的「桃仁鴨方」、「蝦子海參」；主料加調料的「咖哩雞塊」、「蠔油牛肉」；主料加品色的「翡翠蝦仁」、「紅扒魚翅」；主料加創始者的「東坡肉」、「宋嫂魚羹」；主料加發源地的「北京烤鴨」、「東安雞」；主料加盛器的「沙鍋魚頭」、「吊鍋牛腩」等等。

2.寫意法

寫意法，往往是針對食客搜奇獵異的心理或風俗人情，抓住菜品特色加以形容誇張，賦予奇妙的色彩，以引人注意。有的強調形象，如「金雞唱曉」、「游龍戲鳳」；有的渲染工藝奇特，如「三套鴨」、「熟吃活魚」；有的藉典故傳說巧妙比附，如「霸王別姬」、「紅娘自配」；有的引名勝風物抒發情思，如「柳浪聞鶯」、「編鐘樂舞」；有的是諧音雙關，如蠔豉髮菜叫「好市發財」、紅棗桂圓叫「早生貴子」等等。

（二）菜品命名的方向

一份菜單如果都是寫實性命名，燴蘑菇、燒茄子、煮毛豆，確實讓人感到單調乏味，但如若一味地花裡胡哨，名稱好聽而不知所云，也讓人反感。要將兩者很好地結合，匠心獨運，也是要動一番腦筋的。目前在菜品命名上需注意以下幾個方面。

1.菜品命名要保留、弘揚傳統吉祥文化

中國傳統吉祥文化中的「寓意菜」需繼續保持和弘揚，以保持中國餐飲文化的獨特個性和魅力。如魚寓意「年年有餘」，年糕寓意「年年高」，婚宴上的「龍鳳呈祥」、壽宴上的「壽比南山」以及「佛跳牆」、「叫花雞」、「全家福」等典故菜餚都是如此命名的。

例：百年好合：白蓮子、百合約煮，諧音雙關；宋嫂魚羹：南宋流傳下來的名菜；蓴羹鱸燴：思鄉菜，為古代典故菜；過橋米線：謳歌人間真摯情意的產物。

2.菜品命名要名副其實，引申聯想

在商業經營中，菜名不能名不副實，譁眾取寵，不能違背商業道德準則。儘量做到名實相符、合理引申，在特色菜餚中，若菜名較為難懂，可配上簡短的說明或寫上實的菜名，這樣既會意傳神，又讓客人一目瞭然，兩全其美。

例：年夜飯菜單選：恭喜發財——發財銀魚羹；金玉滿堂——墨魚黃金粒；富貴金錢——金錢煎牛柳；合家歡慶——淮杞雙鴿湯；幸福團圓——血糯八寶飯。

3.宴會菜單突出宴會主題性和文化性

宴席，特別是主題宴會菜單可突出宴會的主題性和文化性，必要時作一些補充說明，明示菜品，供顧客品鑒。

例：1999年「財富全球論壇」首日歡迎宴會菜單：風傳蕭寺香（佛跳牆）；雲騰雙蟠龍（炸明蝦）；際天紫氣來（燒牛排）；會府年年餘（烙鱘魚）；財用滿園春（美點盤）；富歲積珠翠（西米露）；鞠躬慶聯袂（冰鮮果）。此菜單為藏頭詩，即本論壇主題「風雲際會財富聚（鞠）」。

4.中低檔菜品命名要通俗、大眾化

中低檔菜品的名稱要通俗、實在，要貼近生活，貼近大眾，不能艱澀難懂、故弄玄虛，要做到雅緻得體，力求科學性、獨特性與時代性，提倡雅俗共賞的健康菜名。

例：「全菱宴」菜單：紅菱青萍、鹽水菱片、椒麻菱丁、蜜汁菱絲、酸辣菱條、蝦仁紅菱、糖醋菱塊、里脊菱茸、才魚菱片、魚肚菱粥、酥炸菱夾、雞茸菱花、肉蒸菱角、拔絲菱段、蓮米菱羹、紅燒菱鴨、菱膀燉盆、菱花酥餅。

5.抵制低級趣味菜名

堅決抵制低級趣味、有傷風化的怪異菜名，經營者不要一味地在菜名上下工夫而忘了商家的立足根本；積極捍衛餐飲文化的純潔性，反對庸俗，唾棄糟粕。

6.菜品命名可適當修飾，簡潔傳神

在菜品命名中，對菜品可作適當的修飾，既不影響菜餚的原意，又可增加其風格特色，使其寫實、寫意兩者相互搭配，但需注意控制其字數。根據消費者記憶的規律，菜品名稱最好不要超過5個字，否則，太長不易記住。

例：荔枝魚：魚肴成菜後因其形、色近似荔枝，故名。龍鳳腿：用蝦、雞製成雞腿狀，蝦、雞有龍鳳之雅稱。一品羅漢：此處以「十八羅漢」代稱18種蔬菜。雙鳳回巢：造型會意菜，粉絲作巢，雞肉與野雞肉謂之雙鳳。蝴蝶鱔片：鱔片去骨後批成蝴蝶片狀。翡翠八珍羹：用翡翠色修飾八珍羹。將軍蜜瓜條：用黑將軍（黑魚的傳統說法）來代替黑魚。綠茵走油肉：用綠茵代替綠色蔬菜。玲瓏梅肉包：玲瓏表示包子的小巧。迎賓燈籠雞：用迎賓來描繪燈籠雞片。

二、菜點命名的要求

菜點名稱，如同一個人的姓名、一個企業的名稱一樣，同樣具有很重要的作用，其名稱取得是否合理、貼切、名實相符，影響著能否給人留下良好的第一印象。在為菜點取名時，不要認為這是一件簡單的事情，要起出一個既能反映菜品特點，又能具有某種意義的菜名，才算是比較成功的。

（一）名實相符

菜點名稱應根據其特點，並概括地把特點反映出來。名實相符，既是商業道德的要求，也有助於消費者瞭解其特點。菜點名稱名不副實會引起消費者的反感，影響餐廳的聲譽。那種以假亂真、譁眾取寵、低級趣味的名稱越來越被人們所唾棄，而貨真價實、名實相符的菜品將受到廣大消費者的歡迎。

（二）便於記憶

菜點名稱應當言簡意賅，易懂易記。菜名最好不要超過5個字，否則太長不易記憶。如「原盅水蟹蒸臘味糯米飯」、「荷香錫紙焗筍殼魚」、「壽眉陳皮水浸白鱔」、「頂湯菜膽燉金鉤翅」等菜品，每個菜名都在八九個字，實在讓人難以記憶。

菜品的名稱應透過形、意、音的有機結合，創造出一個便於記憶的印象。3個字、4個字、5個字，符號少，容易記憶和辨識，自然容易使消費者熟悉、想起、記憶，從而提高菜品的知名度。如小肥羊、佛跳牆、香辣蟹等菜名，小藍鯨品牌，容易記憶，迅速走紅。

（三）啟發聯想

菜點名稱應力求具有科學性、藝術性、趣味性、獨特性，能夠讓消費者產生美好的聯想，如對歷史典故、風土人情、生活體驗、美好事物、喜慶祝願及未來生活等方面的聯想，避免雷同和一般化。如果一個菜品的名稱寓意深遠，還能激發消費者的購買熱情。

（四）促進傳播

菜點名稱應當雅俗共賞、朗朗上口、悅耳動聽，這樣消費者既樂意說，也願意聽，無形中就加速了傳播過程，擴大了宣傳面，凡是生僻、繞口、複雜、費解的字句，或者適用範圍狹小的土語方言，都應加以避免。

三、中國菜品的評價標準

作為供食用的菜品，不同於其他產品，它必須具有明確的質量指標和基本要素。中國菜品質量評價標準主要有如下幾個方面。

（一）基本要素

菜品製作過程中的關鍵性因素，主要包括菜品的安全、衛生、營養搭配、食用溫度等方面。

1.菜品的衛生

安全衛生是菜餚、點心最基本的評價要素，也是菜餚等食品所必備的質量條件。菜品安全衛生首先是指用於加工菜餚的原料是否有毒素，如河豚、某些蘑菇等就是含有毒素的食品；其次是指食品原料在採購加工等環節中是否遭受有毒、有害物質的汙染，如化學有毒品和有害品的汙染等；第三是食品原料本身是否存在由於有害細菌的大量繁殖，導致食物的變質等狀況。這三個方面無論是哪個方面出現了問題，均會影響到產品本身的衛生質量。因此，在加工和成菜中始終要保持清潔，包括原料處理是否乾淨，盛菜器皿、傳遞環節是否衛生等。避免不衛生因素的發生，最有效的方法就是加強生產衛生、儲存衛生、銷售衛生等過程的管理與有效控制。

2.菜品的營養

鑑別菜品是否具有營養價值，主要看三個方面：一是食品原料是否含有人體所需的營養成分；二是這些營養成分本身的數量達到怎樣的水準；三是烹飪加工過程中是否存在由於加工方法不科學，而使食品原有的營養成分遭到破壞的問題。

3.菜品的溫度

溫度是體現食品風味的最主要因素。菜品的溫度是指菜餚在進食時能夠達到或保持的溫度。不同的菜品有不同的溫度要求。同一種菜餚、點心，由於食用時的溫度不同，導致口感、香氣、滋味等質量指標均有明顯差異。許多菜餚熱吃時鮮美腴肥，湯味濃香，冷後食之，口感冷硬。帶湯汁的點心熱吃時湯鮮汁香，滋潤可口，冷後而食，則外形癟塌，色澤暗淡，湯汁盡失。熱菜品種無溫度則無質量可言，因此，溫度是評價菜品質量的基本要素。所謂「一熱勝三鮮」，說的就是這個道理。雖然過去人們未將其單獨列項，但是溫度在今天人們評價菜餚出品質量時已經成為一個不可或缺的指標。這也是人們生活水準提高和評價體系完善的重要表現。

4.生產操作要求

烹調操作者需衣帽整潔，操作前要洗手消毒，不戴戒指，頭髮乾淨，不留長鬍鬚，不留長指甲，有良好的個人衛生習慣。保持工作場地清潔，現場物品擺放整齊有序，做好收尾工作。操作工具用品清潔專用，品嘗用專勺，原料存儲、切配、調味、裝飾等環節堅持生熟分開。不得使用變質的原料，不得使用國家明令禁止使用的原料，不得使用人工色素，不得用鐵絲、塑料、竹木等物品進行食品支撐或裝飾（果蔬雕除外）。

（二）評價標準

中國菜品傳統的評價標準主要是指菜品的色澤、香氣、口味、造型、質感、盛器以及操作過程中的衛生標準等方面。

1.菜品的色澤

外觀色澤是指菜點顯示的顏色和光澤，它包括自然色、配色、湯色、原料色等，菜點色澤是否悅目、和諧、合理，是菜點成功與否的重要一項。

熱菜的色，指主、配、調料透過烹調顯示出來的色澤，以及主料、配料、調料、湯汁等相互之間的配色是否協調悅目，要求色彩明快、自然、美觀。麵點的色，需符合成品本身應有的顏色，應具有潔白、金黃、透明等色澤，要求色調勻稱、自然、美觀。

2.菜品的香氣

香氣是指菜點所顯示的火候運用與鍋氣香味，是評價菜品好壞不可忽視的一個項目。美好的香氣，可產生巨大的誘惑力，好的菜點要求香氣撲鼻，香氣醇正。嗅覺所感受的氣味，會影響人們的飲食心理和食慾。

3.菜品的口味

味感是指菜點所顯示的滋味，包括菜點原料味、芡汁味、佐汁味等，是評判菜點優劣的最重要的一項。

熱菜的味，要求調味適當、口味醇正、主味突出、無邪味、糊味和腥羶味，不能過分口鹹、口輕，也不能過量使用味精以致失去原料的本質原味。麵點的味，要求調味適當，口味鮮美，符合成品本身應具有的鹹、甜、鮮、香等口味特點，不能過分口重口輕而影響特色。

4.菜品的造型

造型包括原料的刀工規格（如大小、厚薄、長短、粗細等）、菜點裝盤造型等，即菜品成熟後的外表形態。

菜餚的造型要求形象優美自然；選料講究，主輔料配比合理；刀工細膩，刀面光潔，規格整齊；芡汁適中；油量適度；使用餐具得體，裝盤美觀、協調，可以適當裝飾，但不得喧賓奪主，或因擺弄而影響菜餚的質量。凡是裝飾品，儘量要做到可以吃（如黃瓜、蘿蔔、香菜、生菜等），特殊裝飾品要與菜品協調一致，並符合衛生要求。裝飾時生、熟要分開，其汁水不能影響主菜。麵點的造型要求大小一致，形象優美，層次與花紋清晰，裝盤美觀。為了陪襯麵點，可以適當運用具有食用價值的、構思合理的少量點綴物，反對過分裝飾、主副顛倒。

5.菜品的質感

質感是指菜品所顯示的質地，包括菜點的成熟度、爽滑度、脆嫩度、酥軟度等。不同的菜點產生不同的質感，要求火候掌握得當，每一菜點都要符合各自應具有的質地特點。除特殊情況外，蔬菜一般要求爽口無生味；魚、肉類要求斷生，無邪味，不能由於火候失當，造成過火或欠火。麵點品種有爽、滑、鬆、

糯、脆、酥等不同質感。要求使用火候掌握恰當，使每一麵點符合其應有的質地特點。

6.菜品的配器

恰如其分的餐具配備可使美味可口的菜餚更添美感與吸引力。不同的菜餚配以不同的餐具，要注意菜量的多與少，形狀的整與碎、大與小，色澤的明與暗，菜品的貴與賤和餐具的形狀、大小、質地、價值相匹配。對於特殊餐具，如煲、沙鍋、火鍋、鐵板、明爐等製造特定氣氛和需要較長時間保溫的菜餚來說，對餐具盛器的要求更高。但不管是什麼樣的菜餚，如果餐具本身殘缺不全，不僅無美感可言，而且食品的整體質量也會受到很大影響。

本章小結

中國菜品的審美是多方位、多角度的。本章從菜品審美的方方面面加以分析和敘述。在菜品審美中，要把握菜品製作的基本原則，特別不能偏離「食用為主」的製作方向，在色、香、味、形、器、名俱佳的情況下，尤要重視食品衛生、安全這個前提，這是菜品審美要求的關鍵所在。

思考與練習

1.在菜品審美的要求中，必須把握哪些原則？食用與審美是一個怎樣的關係？

2.菜品色彩對人的飲食心理有何影響？

3.味覺美的表現形式是怎樣的？試舉例說明味美的技術表現。

4.如何進行菜品的裝飾？如何做好食品衛生與盤邊裝飾兩者的協調？

5.菜品命名的基本要求有哪些？試分別舉例說明。

第 5 章 中國烹飪風味流派

本章重點

中國烹飪眾多的風味流派爭奇鬥妍，各具特色。本章將從中國菜餚、麵點兩大系列出發，分別闡述全國各地方風味的形成與特點。透過學習，可以從中瞭解到各個省、市、自治區的烹飪特點和各具特色的地方風味菜點，尋找到中國各風味流派的製作精髓。

內容提要

透過學習本章，要實現以下目標：

●掌握四大代表風味的主要特點

●瞭解其他風味的基本特色

●瞭解中國麵點三大風味流派的特點

●瞭解各地方風味的代表菜餚和麵點品種

中國烹飪舉世聞名，其重要的一點就是多種多樣的風味競放異彩。不同的地理環境與氣候，提供不同的飲食資料，形成不同的飲食習慣與文化。就活動在長城之內的漢民族而言，以秦嶺至淮河流域為界，黃河與長江流域不同的農業生產環境，影響了南稻北粟的主食文化的形成。戰國以後，麥子的普遍生產與磨製工藝的改良，使粒食與粉食的主食文化逐漸固定，至今仍未改變。不同的主食配以不同的副食，而有南味北味之別。徐珂《清稗類鈔》云：「食品之有專嗜者焉，食性不同，由於習尚也。茲舉其尤，則北人嗜蔥蒜，滇、黔、湘、蜀人嗜辛辣品。粵人嗜淡食，蘇人嗜糖。」口味的不同，形成了全國各地的不同的烹飪風味流派。

第一節 地方風味的形成原因

中國古代多用「菜幫」或「幫口」來稱謂地方風味。因為在商業經營中曾流行行會，而飲食經營者為了經營之故，自然地也結成行幫，以便在經營中能夠相互照應。如從事山東風味菜餚製作的廚師就稱謂「魯幫」師傅或「山東幫」師傅，而烹製的風味菜餚稱為「魯菜」或「山東風味菜」。歷史上在大城市開辦的餐館，大多在店牌上冠以地方風味的地名，如，川菜館、江蘇酒家餐館、山東飯店等，以示餐館經營的風味特色。現在，地方風味大多習慣以「菜系」相稱，這是近三十年出現的新詞。古之「幫口」，今之「菜系」，名稱雖然不同，但在反映中國地方菜餚風味特色的差異這一點上卻是一致的。

中國地方風味的萌芽是在先秦時期，雖然當時社會生產力比較低下，但已有了商業比較發達的都邑。朝歌牛屠，孟津市粥，宋城酤酒，燕市狗屠，魯齊市脯，都是當時飲食業的雛形。當然，地方風味的形成原因是多方面的，既有歷史的因素，又有自然的因素，既有物質條件方面的因素，又有文化方面的因素等。

一、自然的原因

在中國現存最早的醫學專著《黃帝內經》中的《素問・異法方宜論》（卷四）中云：「東方之域，天地之所始生也，魚鹽之地，海濱傍水，其民食魚而嗜鹹，皆安其處，美其食。……西方者，……其民陵居而多風，水土剛強，其民不衣而褐薦，其民華食而脂肥，故邪不能傷其形體……北方者，天地所閉藏之域也，其地高陵居，風寒冰冽，其民樂野處而乳食……南方者，天地之所長養，陽之所盛處也，……其民嗜酸而食胕……。中央者，其地平以濕，天地所以生萬物也眾，其民食雜而不勞。」這段遠古時期的文字表明：五方之民的地理環境、氣候、物產、飲食風俗是構成各地菜餚特色的物質基礎。

自然地理的不同、氣候水土的差異，必然形成物產的不同，食俗的不同，而這正是地方風味菜品的重要物質基礎和重要先決條件。中國各地方風味特色充分說明了這一點。四川物產富饒，不僅禽獸佳蔬品種繁多，而且土特產也十分繁多。加之四川地處盆地，多霧氣重濕潤，故人們嗜辛辣，習以為俗，逐步形成了川菜的乾燒、乾煸及調味重魚香、麻辣、怪味、椒麻等特色。廣東地處嶺南，夏季長，冬季暖，氣溫偏高，烹飪上故逐漸形成了清淡、生脆、爽口的風味特色。江蘇地處長江中下游，湖泊眾多，江海相連，水產富足，禽蔬獨特，被譽為魚米之鄉，形成了擅長烹製河鮮、喜食水產的飲食風俗。山東地處黃河下游，東部海岸漫長，盛產海鮮，魯菜以海味取勝聞名遐邇歷時幾千年。湘菜以辣味和燻臘為其一大特色，這是因為湖南大部分地區地勢偏低、溫熱而潮濕，人們因而喜食辣椒，起提熱祛濕祛風之功效。安徽山區較多，山泉廣布，礦產豐富，人們喜用木炭、沙鍋燒燉食品，湯汁濃醇，所以形成徽菜重油、重色、重火功的特色。浙江是江南著名水鄉，其湖河密布、景色秀麗，在這種自然條件下，形成了浙菜鮮香滑嫩、清爽脆軟的特色。福建地處中國東南沿海，海產品頗多，因此烹製海味菜出類拔萃。總之，自然條件可使地方風味帶有濃厚的口味特色、習俗特色和菜餚品種特色。

二、社會的原因

（一）政治方面的原因

從歷史上看，一些古城名邑曾是國家政治、經濟和文化的中心，人口相對集中，商業較繁榮，加之歷代統治者講究飲食，皇宮御宴、官府宴請、商賈筵宴都刺激了當地烹飪技藝的提高和發展。另外，經濟的繁榮、商業的興旺、文化的發達、禮儀習俗的講究，必然使這些地方的飲食向高質量、高水準、高標準發展，因此地方風味也逐漸在以政治為中心的都邑中形成和完善。

（二）經濟方面的原因

生產力的發展促進經濟繁榮，隨之市場貿易、市肆飲食也就相應的興旺，從而給飲食業提供了物質條件和經營對象，這是地方風味形成和發展的重要條件。

例如江蘇菜系中的淮揚風味的形成就是如此。揚州自古就是東南重鎮，經濟發展較早，隋唐後成為中國南北的交通樞紐，經濟十分繁榮興旺，富商大賈「腰纏十萬貫，騎鶴下揚州」，揚州成為中國重要的商埠和經濟中心，故淮揚風味曾風靡全國，影響深遠。但其後隨著歷史的變遷，今日揚州已是江蘇的一個省轄市，所以其影響遠不及歷史上深遠。

（三）文化方面的原因

中國優秀的文化傳統對地方風味的形成具有重要的作用。歷史上許多文學家在作品中記珍饈，寫宴飲，編定飲食典章，創立烹飪理論。例如江蘇菜系，江蘇自古繁華富庶，文人薈萃，文化不僅開發早，而且水準高，省內多文化名城，文人墨客吟詩作詞使蘇菜影響較遠，為江蘇之地留下了不少烹飪專著和風味菜點。南朝時諸葛穎寫了《淮南王食經》，元代畫家倪瓚著有《雲林堂飲食制度》，明代吳門韓奕著《易牙遺意》，華亭宋詡撰《宋氏養生部》，清代袁枚在南京寫下了《隨園食單》，童岳薦於揚州編寫了《調鼎集》，李斗編撰了《揚州畫舫錄》，這些都為江蘇風味的研究發展提供重要作用。至於涉及或記載的江蘇名菜、名點、名廚、名店歷代典籍、史書、詩詞更是汗牛充棟，不可勝數，它為江蘇地方風味菜的形成、發展具有促進和推動作用。

（四）交通方面的原因

歷史上交通發達的地區，一般人口集中，貿易繁榮。交通的發達促進了飲食的發展。如廣東一直是中國南方門戶，是與海外通商的重要口岸，在長期的經濟交往和文化交流中，各地的烹飪技法、國外的一些烹飪技法陸續傳入廣東，對廣東地方風味的形成和發展產生了較大的影響，從而形成了今日聞名的粵菜風味。

三、宗教的原因

在中華文化漫長的歷史進程中，除中國本土教派以外，還吸納過多種來源於異國他邦的宗教。在它們當中，尤以來源於南亞次大陸的佛教、中國本土生長的道教和北方眾多民族的伊斯蘭教對於中華文化的影響最為深遠。

不同的宗教不僅包含著深刻的哲理思辨、人生理想、倫理道德、藝術形式，就連人們日常飲食生活中也留下了不同宗教信仰的深深印跡。事實上，在世界各民族的歷史上，成熟宗教的出現，無不給該民族的社會生活帶來巨大的影響。如佛教的戒律中有反對食肉、反對飲酒、反對吃五辛（蔥、薤、韭、蒜、興蕖）的條文；道教主張少食辟穀、拒食葷腥；伊斯蘭教的飲食禁食豬肉、驢肉、狗肉，禁食自死的動物、血液以及未誦阿拉之名而宰殺的動物，禁食無鱗魚和兇狠食肉、性情暴躁的動物等。這些宗教信仰各異，並都擁有大批的信徒。由於各個宗教的教規教義不同，信徒的生活方式也有區別，因此不同宗教的飲食禁忌差別很大。至於食禮、食規等習俗，更是千百年來習染熏陶造成的，並有穩固的傳承性。人們在宗教文化的影響下，其膳食體系形成了獨特的風格，使其飲食的宗教特色更加鮮明。

第二節 中國菜餚的主要流派

一、黃河流域的山東風味

山東風味菜，簡稱魯菜。山東素以「齊魯之邦」著稱，是中國古文化的發祥地之一。魯菜發端於春秋戰國時代的齊國和魯國，形成於秦漢，元、明、清三代，盛名於北方，是北方菜的優秀代表。早在夏代，當地居民就已經掌握了用鹽調味的方法。春秋時齊國出了一個烹飪大師——易牙，他知味並長於辨味，能用煎、熬、燔、炙等多種技法精心調味製作菜品。魯國的孔子提出了「食不厭精，膾不厭細」的飲食觀，並從烹調的火候、調味、飲食衛生、飲食禮儀等多方面提出了主張，說明當時的烹飪水準達到了相當的高度，經他修訂的《禮記・內則》對魯菜烹飪風格的形成有著極其重要的影響。秦漢以後，山東的烹飪技藝在全國已經處於領先地位，在原料選擇、宰殺、洗滌、切割、烤炙、蒸煮等各方面分工精細，並出現了較大的宴飲場面。據《齊民要術》載，南北朝時期，黃河中下游地區，特別是山東地區的北方菜餚品種已達上百種，當時的烹調方法已達十幾種，調味品種類較多，出現了烤乳豬、蜜煎燒魚、炙腸等名菜。後經唐、宋、金等各代廚師的豐富和改進，在元代以後魯菜逐漸成為了北方菜的代表。明清時期，它又成了宮廷菜餚的主流，成為皇帝和后妃們的御膳珍饈，同時占據了華北、東北、京津等地飲食行業的霸主地位，成為中國影響最大的菜系之一。

山東地處中國東部的黃河下游，氣候溫和，膠東半島突出於黃海和渤海之間，海岸蜿蜒曲折，海洋漁業十分發達，海產品以其名貴而馳名中外。如魚翅、海參、明蝦、加吉魚、鮑魚、西施舌、扇貝、海螺、魷魚、烏魚蛋等品種多而質量優。山東境內山川縱橫，河湖交錯，因而水產品也極其豐富，如黃河的鯉魚、泰山的赤鱗魚以及蓮、藕、菰、蒲等，都是優質特產。黃河自西向東穿過，形成大片沖積平原，沃野千里，物產豐富，交通便利，因而棉油禽畜，時蔬瓜果，種類多，品種好，如膠州的大白菜、章丘的大蔥、煙台的蘋果、蒼山的大蒜、萊蕪的生薑、萊陽的梨、煙台的紫櫻桃以及省內盛產的花生等，都是著名的特產。省內富饒的物產，為魯菜的烹飪提供了取之不盡的物質資源。

山東境內地貌差異較大，東濱沿海，中部高山丘陵眾多，西北部則是廣闊的平原，加上物產、習俗的不同，因此在長期的發展中形成了由內陸的濟南菜和沿海的膠東菜以及由自成體系、精細豪華的曲阜「孔府菜」所組成的山東菜系。其風味體系由以山珍海味為主要原料的高檔菜、要求原料珍貴完整的宴席菜和經濟實惠的民間便餐菜等菜式構成。魯菜講究調味醇正，口味偏於鹹鮮，具有鮮、嫩、香、脆的風味特色，擅用蔥蒜烹製菜餚，多以鮮活海味的原味和吊制清湯調味取鮮。常用的烹調技法有30種以上，尤以爆、塌、扒技法獨特而專長。「爆」法講究急火快炒，火候掌握細緻入微。塌的技法為魯菜獨創，原料經醃漬或夾入餡心，再黏粉或掛糊，用油煎黃兩面，再放調味，慢火塌盡收汁。「扒」菜加工講究，成品齊整成型，味濃質爛，汁緊稠濃。魯菜講究豐滿實惠，這是山東人樸實的性格和好客的習俗所決定的。小吃多源於民間，以其品種多樣、方法多變、技術高超、經濟實惠而聞名於世。其代表名菜有：清湯燕菜、白汁裙邊、繡球干貝、珊瑚蠣黃、扒鮑魚龍鬚菜、炸赤鱗魚、清蒸加吉魚、油爆雙脆、油爆海螺、鍋塌豆腐、德州扒雞、炸蠣黃、九轉大腸、燴烏魚蛋、奶湯浦菜、吊燒肘子、木樨蜆子、雙包魷魚、家常熬黃花魚、拔絲山藥等。

魯菜風味的影響遍及黃河中下游及其以北廣大地區，除山東、北京外，天津、河北及東北三省也以魯菜為主。因此，魯菜是中國涵蓋面最廣的地方風味菜系。

二、長江中上游的四川風味

四川風味菜，簡稱川菜。四川自古有「天府之國」的雅稱，四川菜是巴蜀文化的一個組成部分。據考證，早在5000年前，巴蜀地區已有早期烹飪。川菜發源於古代的巴國和蜀國，萌芽於西周至春秋時期，西漢至兩晉，川菜已初具輪廓。戰國時，由於都江堰排灌水利工程的修築成功，川西平原變成了千里沃野，物富民殷，成了天府之國。當地豐富而獨特的物產，為川地烹飪的發展奠定了雄厚的物質基礎。西漢揚雄的《蜀都賦》對川菜的烹飪原料、烹調技巧和筵席情況，作過不少詳細的描述。東晉史學家常璩的《華陽國志》中，首次記述了巴蜀人「尚滋味」、「好辛香」的飲食習俗和烹調特色。唐宋時期川菜已開始以其獨特的風味贏得各地人們的讚美和稱頌。當時的許多名家詩文中常見有對「蜀味」、「蜀蔬」、「蜀品」的讚美之詞。在這一時期，川菜已開始流向全國許多大城市。到宋、明兩代，風格更加突出。在北宋都城的飲食市場中出現了專營四川風味菜餚的菜館、飯店。到清代，川菜已成為一個地方風味十分濃郁的菜系。羅江人李化楠所著的《醒園錄》一書，曾系統地介紹了川菜的38種烹飪技法，還蒐集了部分食譜。據《成都通覽》記載，清末時四川首府成都的各種菜餚和風味小吃，已經有1328種之多。1950年代後，川菜更得到充分的拓展，成為一種影響很大的風味菜系，如今川菜館已遍及全國各地和世界許多國家、地區。

四川境內氣候溫濕，江河縱橫，沃野千里，六畜興旺，菜圃常青。得天獨厚的自然條件和豐富的物產資源，對川菜的形成和發展，是極為重要而有利的。當地盛產糧油佳品，蔬菜瓜果四季不斷，家禽家畜品種繁多，水產品也不少，如江團（長吻鮠）、肥沱（圓口銅魚）、臘子魚（胭脂魚）、鱘魚、鯰魚、東坡墨魚（墨頭魚）、岩鯉、雅魚、石斑鮡等，品質優異。山珍野味有蟲草、竹笙、天麻、銀耳、魔芋、冬菇、石耳、地耳等，還有許多優質調味品，如自貢井鹽、內

江白糖、閬中保寧醋、永川豆豉、郫縣豆瓣、德陽醬油、茂汶花椒、新繁泡辣椒等。

川菜由成都菜（稱上河邦）、重慶菜（稱下河邦）、自貢菜（稱小河邦）和具有悠久歷史傳統的素食佛齋組成。其風味菜系由宴席菜、便餐菜、家常菜、三蒸九扣菜、風味小吃等五大類構成。川菜的風味特點在相當大的程度上得益於四川山野河川的特產原料。川菜味美、味多、味濃、味厚，具濃、重、醇、厚兼及清鮮的特點，有「一菜一格，百菜百味」之美譽，並因地理、氣候等因素，善用辣椒、花椒調味，家常風味以麻、辣、香著稱，尤以麻辣、魚香、怪味、家常、椒麻等味型獨擅其長。常用的烹調技法有近四十種，最長於小炒、乾煸、乾燒等技法。小炒不過油，不換鍋，急火短炒，芡汁現炒現對，一鍋成菜，嫩而不生，滾燙鮮香；乾煸技法成菜，味厚而不釅，乾香化渣，久嚼而不乏味；乾燒菜餚系小火慢燒，用湯恰當，不用芡，自然收汁，汁濃亮油，味醇而鮮。川味小吃用料廣泛，技法多樣，工藝精細，調味獨特，不僅隨街可吃，且常配入宴席之中。其中代表菜有：乾燒魚翅、一品官燕、樟茶鴨子、家常海參、乾燒岩鯉、魚香肉絲、水煮牛肉、蟲草鴨子、清蒸江團、宮保雞丁、麻婆豆腐、燈影牛肉、棒棒雞、沙鍋雅魚、糖醋東坡墨魚、豆瓣鯽魚、回鍋肉、毛肚火鍋、竹笙肝膏湯等。

川菜風味影響及於長江中上游地區，並旁及雲南、貴州和湖南、湖北、陝西部分地區。除在中國南北各城市普遍流行外，還流傳到東南亞及歐美等三十多個國家和地區，是中國地方菜中輻射面很廣的地方風味之一。

三、長江中下游的江蘇風味

江蘇風味菜，簡稱蘇菜，又稱淮揚菜。江蘇自古富庶繁華，文人薈萃，商業發達，素有「魚米之鄉」美稱。據史料記載，遠在帝堯時代，就有名廚彭鏗因製野雞羹供堯享用而被封賞，賜封城邑。夏后時，有「淮夷貢魚」之説，説明當時的淮魚已是很有名氣的美味佳餚。商湯時，江南佳蔬已揚名天下，並已進入了宮廷的大雅之堂。春秋時，調味聖手易牙在江蘇傳藝，並創製了名饌「魚腹藏羊肉」。漢代淮南王劉安，在江蘇發明豆腐。隋煬帝開闢大運河後，揚州成為南北交通樞紐和重要商埠。從隋唐到清末的1600多年時間裡，揚州古城一直極其繁華昌盛。江蘇人文薈萃，善知味者世代有之，故烹飪典籍多出此處，如南朝梁代建康人諸葛穎的《淮南王食經》，元代無錫人倪瓚的《雲林堂飲食制度》，明代吳門人韓奕的《易牙遺意》，清代袁枚的《隨園食單》、會稽人童岳薦的《調鼎集》等，對推動江蘇菜烹飪技藝的提高，促進蘇菜發展，擴大蘇菜影響，都具有很大的作用。明清時期，許多官僚、文人、富豪、鹽商在江蘇定居，鹽運使設揚州，漕運使設淮陰，舟楫所經，必須碇泊，商賈雲集，經濟繁榮，由此帶來了餐飲烹飪事業的發達，使蘇菜南北沿運河、東西沿長江的發展更為迅速。其東邊臨海的地理交通和商業貿易等條件促進了蘇菜進一步向諸方皆宜的特色發展，並擴大了江蘇菜在海內外的影響。

江蘇地處長江下游，東瀕黃海，南臨太湖，長江東西相穿，運河南北相通，境內湖泊眾多，河汊密布，氣候溫和，土地肥沃，交通便利，動植物水產資源豐富，有各種糧油珍禽、魚蝦水產、乾鮮名貨、調料果品。著名海產品有南通的竹蟶、呂四的海蜇、如東的文蛤、連雲港的明蝦等。淡水產品有長江鰣魚、刀魚、鮰魚、太湖白蝦、梅鱭、銀魚、陽澄湖清水大閘蟹、南京六合的龍池鯽魚等。一年四季芹蔬野味種類繁多，著名的有金陵野蔬蘆蒿、菊花腦、茭白筍、木杞頭、馬蘭頭，南京的矮腳黃青菜，宿遷的金針菜，泰興白果，宜興板栗、毛筍、無錫油麵筋、小箱豆腐、茭白筍等。至於調料，如淮北海鹽、鎮江香醋、太倉糟油、泰州麻油，皆是個中佳品。豐富的物產，為江蘇的繁榮奠定了堅實的物質基礎。

蘇菜由今淮揚（淮安、揚州）、金陵（南京）、蘇錫（蘇州、無錫）、徐海（徐州、連雲港）四大地方風味組成。其菜式風味體系由用料講究的船宴和船點、南朝梁武帝提倡吃素時發展起來的素食齋宴菜和主料同類的全席菜以及多種不同風格的宴席菜組成。蘇菜選料不拘一格，用料物盡其用，因材施藝，製作精細，四季有別，擅用水產魚蝦。在烹調上，注重火工，並以燉、燜、煨、焐見長，重視泥煨、叉烤；調味特別注重清鮮，鹹中稍甜，菜餚力求保持原汁，注重本味，並具有一物呈一味，一菜呈一味；講究調湯，其湯清則見底，濃則乳白，濃而不膩，淡而不薄，酥爛脫骨而不失其形，滑嫩爽脆而不失其味。江蘇民間菜餚廣集鄉土原料，具有濃厚的魚米之鄉特色。其中代表菜有：叉烤鴨、鹽水鴨、香料燒鴨、五柳青魚、鳳尾蝦、清燉蟹黃獅子頭、拆燴鰱魚頭、雞汁煮乾絲、炒軟兜、熗虎尾、水晶肴蹄、清蒸鰣魚、松鼠鱖魚、碧螺蝦仁、　肺湯、乾炸銀魚、醬汁排骨、蝦仁鍋巴、魚皮餛飩、荷葉焗雞、叫花子雞、雪花蟹鬥、霸王別姬等等。

蘇菜風味影響及於魯西、長江中下游和東南沿海一帶，除江蘇外，還影響到上海、浙江、江西、安徽等廣大地區。蘇菜是中國地方菜中適應面很廣的風味之一。

四、珠江流域的廣東風味

廣東風味菜，簡稱粵菜。粵菜發源於嶺南。先秦時期，嶺南尚為越族的領地，聚居於廣東一帶的百越族人善漁、農，尚雜食，故雜食之風甚盛。自秦始皇南定百越建立馳道以後，嶺南的經濟文化得到很大發展，雖然當時的飲食烹飪還較簡單，但已受到中原飲食文化的影響，雜食之法更加發展、完善。三國至南北朝，中國戰亂頻仍，漢人紛紛南移，使粵菜再一次受到中原飲食文化促進，烹調技藝得到較大提高和發展。但粵地雜食之風，一直保持，而且由於採用各種新的烹飪技術，更為發展，於是形成了廣東嶺南的飲食風格特點。西漢的《淮南子》中說：「粵人得蚺蛇，以為上肴。」晉代張華的《博物志》記載：「東南之人食水產」，「龜、蛤、螺、蚌為珍味」。南宋周去非的《嶺外代答》一書中曾這樣記載粵人：「不問鳥獸蟲蛇，無不食之。」漢魏以來，廣州一直是中國的南方大門，是與海外通商的重要口岸；當地的社會經濟因此而繁榮，廣東的烹調技藝也由此得以不斷充實和完善，其獨具的風格日益鮮明。明清時期曾大開海運，對外開放口岸，廣州商市得到進一步繁榮，飲食業獲得長足發展。城內酒樓林立，官紳富商筵宴不斷，粵菜藉此之勢飛速發展，終於形成了熔南北風味於一爐，集中西烹飪於一體的獨特風格，並在各大菜系中脫穎而出，名揚海內外。

廣東特殊的地理條件和物產資源，對粵菜風味的形成具有極其重要的影響。廣東地處東南沿海，屬熱帶亞熱帶地區；珠江三角洲平原河網密集，縱橫交錯；嶺南山區岳陵崗巒錯落；沿海島嶼眾多，所以物產豐富，動植物品類繁多，這些天賦條件為粵菜用料廣博奇異、鳥獸蛇蟲均可入饌的特殊風格奠定了物質基礎。飛禽中的鷓鴣、鵪鶉、乳鴿、貓頭鷹等都列於食譜之中；當地特產蛇、狸、猴、貓等野生、家養動物製成佳餚；取蝸牛、螞蟻子、蠶蛹製成美饌。浩瀚的南海，為粵菜提供了許多海鮮珍品，如鯿魚、鱸魚、鱘魚、鱖魚、石斑、明蝦、龍利、海蟹、海螺等。

粵菜由廣州菜、潮州菜和東江菜組成，以廣州菜為代表。溫熱的氣候條件，決定了粵菜清鮮、爽滑、脆嫩的風味特點；崇尚現宰現烹現食的方法，講究清而不淡，鮮而不俗，脆嫩不生，油而不膩。粵菜用料奇異廣博，烹調技藝多樣善變，形成了一些獨特的烹調技法，如煲、　、焗、泡、烤、炙等；還善於吸收和借鑑外來技法，加以改進、發展、提高。如泡、扒、爆、　是從北方菜系中移植而來的；焗、煎、炸是從西菜借鑑而來的，但它們在粵菜中都已經被改造，成為不同於原有方法的特殊技法。運用特殊調味品製作菜餚是粵菜的一大特色，如蠔油、魚露、柱候醬、沙茶醬、豉汁、西汁、糖醋、煎封汁、咖哩粉、檸檬汁、果汁等，這為粵菜的獨特風味造成了舉足輕重的作用。其中代表菜有：烤乳豬、龍虎鬥、東江鹽焗雞、沙茶涮牛肉、明爐燒螺、糖醋咕咾肉、蠔油牛肉、東江釀豆腐、大良炒鮮奶、白雲豬手、佛山柱候雞、竹仔雞煲翅、紅燒大群翅、炊鴛鴦膏蟹、脆皮雞、燴蛇羹等等。

粵菜風格影響遍及珠江流域地區，除廣東外，旁及廣西、福建、海南等地區，輻射到臺灣及南洋群島。粵菜餐館遍布世界各地，特別是在東南亞及歐美各國的唐人街，粵菜館占有重要的地位。

五、五方雜處的北京風味

北京風味菜，簡稱京菜。北京自古為中國北方重鎮和著名都城，作為全國的政治、經濟、文化中心，歷時將近千年，其間，「京師為首善之區，五方雜處，百貨雲集」，資源豐富。在這樣的歷史背景下，北京飲食文化高度發達、烹飪技藝博採眾長。

北京很早就是中華各民族雜居相處的地方，加之北京獨特的地理條件，使得北京的飲食具有多種民族風格特色。其中，山東風味對北京菜影響極大。清代初葉，山東風味菜館在京都占據了主導地位。不僅大飯店，就連一般菜館甚至街頭的小飯鋪，也是魯菜居多。在經營中，為了適應京都的飲食習慣，山東菜館吸收了清代的宮廷菜、王公大臣的家庭菜的特點，與原來的魯菜風味不再完全相同，由此構成了北京菜的另一個特色。在此基礎上，北京菜同時也吸收了南方菜（如江蘇、四川、廣東、福建）的技法，再加上西菜的引進，各地著名風味和民族飲食風尚在這裡相互影響、融合，逐漸形成了以宮廷菜、官府菜、清真菜和改進了的山東菜為四大支柱的北京菜體系。

北京風味菜的形成，除歷史的原因外，與當地所擁有的豐富繁多、品質優良的食品原料也有很大關係。北京地處華北平原的北部，臨近渤海，淡水產品、海鮮產品幾乎應有盡有；南部是冀魯豫大平原，土地肥沃，盛產糧油，六畜興旺；西北依山，盛產乾鮮果品。尤其是近十多年以來，北京周邊地區和市郊農副產品集約化種植發展很快，菜園、果圃、農田連片，四季花果芹蔬不斷，為北京的發展提供了十分優越的物質條件。

京菜的主要特點是：原料廣收博取，集各地原料之精品，豐富多彩；融合了漢、滿、蒙、回等民族的烹調技藝，技法多樣，主要有爆、烤、涮、炸、溜、燴等，尤以烤、涮最有特色；京菜吸取了全國主要地方風味，尤其是山東風味，繼承了明清宮廷肴饌的精華，其口感特點已由過去講究味厚、汁濃、肉爛、湯肥，向著近年來注重清、鮮、香、嫩、脆的方向轉化，並講究火候的掌握、形色的美觀和營養的平衡。其代表菜有：北京烤鴨、涮羊肉、白煮肉、沙鍋通天魚翅、黃燜魚翅、羅漢大蝦、沙鍋羊頭，它似蜜、醋椒魚、醬汁活魚、燴鴨四寶、潘魚、醬爆雞丁、油爆肚仁、三不黏、桃花泛、糟溜三白、鍋塌鮑魚盒、炸佛手卷等等。

六、國際都會的上海風味

上海風味菜，簡稱滬菜，又稱海派菜。上海是中國重要的工商業城市，人口眾多，外商雲集，經濟繁榮。上海本地菜在不斷吸收外來飲食特色的同時，利用本地的物產資源，創製了許多具有當地風味特色的菜餚，形成了上海本幫菜。

鴉片戰爭以後，上海被闢為重要的商埠。大批工廠的建立，大工業的迅速發展，使上海人口陡增。同時，商業也不斷發展以適應城市的需要，商業飲食店鋪林立。於是，京、川、粵、揚、蘇、錫、杭、甬、魯、閩、潮、徽、湘及清真、素菜等各幫菜系相繼在滬落戶，同時西菜也較早地進入上海。這些外幫菜在上海經過100多年，逐步地入鄉隨俗，其成分不斷發生變化，形成了上海菜的另一個部分——上海色彩的外幫菜。它在上海的飲食烹飪格局中占有絕對的優勢。這就使上海菜具有了風味比較齊全、品種比較豐富的特點。

在歷史的發展中，上海本地菜充分吸收外幫各菜的長處，靈活借鑑西洋的烹飪技法，融會貫通。它由海派江南風味、海派北京風味、海派四川風味、海派廣東風味、海派西菜、海派點心、功德林素菜和上海點心8個分支構成。每一分支都具有各地菜品風味的原有特色，又帶有濃郁的上海地方氣息，形成兼容並蓄、廣採博收、淡雅鮮醇、開拓創新的海派風格。

上海風味菜選料精細而廣博，組配科學而自然，調理清楚而規範，尤其擅長紅燒、生煸和糟炸，其特點可概括為：濃油赤醬，湯醇滷厚，重視本味，鮮淡適口，菜餚清新秀美，講究層次，富有時代氣息。其原料以河鮮和海鮮為多。在調味上，有辣，有酸，有濃，有多種複合味，但口感平和，質感鮮明；該酥則酥，嫩、脆、酥、爛絕不混淆，因而適應面特別寬；菜餚講究造型，款式多樣，新穎別緻。其主要代表菜有：蝦子大烏參、扣三絲、生煸草頭、炒蟹黃油、青魚划水、乾燒冬筍、貴妃雞、松仁魚米、醬爆茄子、煙鯧魚、炒素蟹粉、椒鹽排骨、竹筍醃鮮、糟缽頭、清炒鱔糊、紅燒圈子、下巴甩水、醬油毛蟹、茉莉魷魚卷、灌湯蝦球、紅袍登殿等等。

七、其他區域的地方風味

（一）浙江風味

浙江風味菜，簡稱浙菜。菜式小巧玲瓏、清俊逸秀，菜品鮮美滑嫩、脆軟清爽。傳統菜歷史久遠，精益求精，民間菜別具風格。爆炒技法兼收北方之藝，從而形成了自己的烹飪特色，在中國地方風味中占有重要的地位。

浙江東瀕東海，沿海漁場密布，舟山、嵊泗、魚山、溫州漁港繁多，海味鮮品種類齊。境內水道成網，錢塘江、富春江、曹娥江、甬江、錢湖等水域廣闊，烹飪水產品資源極其豐富。西南丘陵起伏，盛產山珍野味。浙北平原廣闊，土地肥沃，糧油禽畜，著名土特產不勝枚舉。浙菜主要由杭州菜、寧波菜和紹興菜組成，以杭州菜為主。近年來，溫州菜已發展成為浙菜的後起之秀。浙菜的主要特點是用料精細、獨特、鮮嫩，其選料一講用本地原料來突出地方特色，二講要精細以達高雅名貴，三講鮮活柔嫩，保持口味醇正；烹製菜餚注重火候，常用烹調技法有30餘種，烹製河鮮海鮮有獨到之功；口味側重清鮮脆嫩，突出主料本色真味；造型秀麗雅緻，講究菜品內在美與形態美的統一。代表的名菜有：西湖醋魚、龍井蝦仁、油燜春筍、叫花童雞、一品南乳肉、蜜汁火方、八寶童雞、杭州醬鴨、栗子炒仔雞、火蒙鞭筍、蝦子冬筍、西湖蓴菜湯、冰糖甲魚、苔菜拖黃魚、糟溜魚白、賽蟹羹、生爆鱔片、乾炸響鈴、東坡肉、鹹篤鮮、雪菜大湯黃魚等。

（二）福建風味

福建風味菜，簡稱閩菜，係南方菜系中獨特的一派。它以烹製山珍海味而著稱，口味偏重甜、酸和清淡，常用紅糟調味是其顯著特色，其鮮醇、雋永和葷香不膩的風味特色獨樹一幟。

閩菜的風味特色形成較早，尤以烹製海鮮、河鮮的歷史最為久遠。閩菜的形成和發展，與當地富饒的物產有著極其密切的關係。福建位於中國東南沿海，負山倚海，氣候溫和，雨量充沛，四季如春。山區林木參天，翠竹遍野，溪流江河縱橫交錯，海岸線曲折漫長，淺海灘灣遼闊優良。優越的自然地理條件，蘊藏著富饒的山珍海味。盛產稻米、糖蔗、蔬菜、瓜果，荔枝、龍眼、柑橘、鳳梨等佳果蜚聲海內外。山林溪間有名揚中外的閩筍、蓮子、薏米、茶葉，以及麂、雉、鷓、鴣、河鰻、甲魚、石鱗等珍品。沿灘塗魚、蝦、螺、蚌、蠔等海產品常年不絕。這一切為閩菜提供了雄厚的烹飪資源。閩菜主要由福州、閩南、閩西三方風味匯合而成，以福州菜為代表。閩菜素以製作精細、色調美觀、滋味清鮮著稱，並以烹製海鮮見長。精巧、細緻的刀法，能使菜餚的味沁深融透；湯菜考究，閩菜長期以來形成了「一湯十變」的傳統；調味奇特，善用紅糟、蝦油等調味品；在烹調方法上擅長炒、溜、炸、煨等技法。代表名菜有：佛跳牆、淡糟鮮竹蟶、白炒鮮竹蟶、醉糟雞、沙茶燜鴨塊、太極明蝦、雞汁汆海蚌、紅糟雞丁、糟汆海蚌、雞絲燕窩、當歸牛肉、香油石鱗腿、炒西施舌、淡糟炒香螺片等。

（三）湖南風味

湖南風味菜，簡稱湘菜。湖南位於中南地區，氣候溫暖，雨量充沛，湘、沅、資、澧四水流經全省。湘西多山，盛產筍、蕈和山珍野味；湘東南為丘陵和盆地，農牧副漁興旺；洞庭湖平原堤垸縱橫、港汊交織，素稱魚米之鄉。

湘菜歷史悠久，地方特色濃郁，辣味菜和燻、臘製品是其主要特色。這種特色的形成既有歷史的原因，也與當地氣候、環境有密切的關係。湖南大部分地區地勢較低、氣候溫暖潮濕，人們喜食辣椒已成習俗，辣味有提熱祛濕、祛風之效；而食品經燻、臘後，不僅別具風味，在潮濕條件下也容易保存。在菜餚的烹製上講究原料入味，口味偏重辣酸，烹調方法擅長煨、蒸、炒。湘菜主要有湘江流域、洞庭湖區和湘西山區三地風味流派，已成為中國著名的菜系之一。其代表名菜有：紅煨魚翅、東安雞、臘味合蒸、麻辣仔雞、吉首酸肉、紅燒全狗、炒辣野鴨條、冰糖湘蓮、清蒸水魚、臘肉燜鱔片、清湯柴把雞、紅燒寒菌、紅煨八寶雞、八寶龜羊湯、生溜魚片、鴛鴦鯉、龍眼海參、虎皮肘子、乾炸鰍魚、紅燒豬腳、黃燜魚等。

（四）安徽風味

安徽風味菜，簡稱徽菜。徽菜起源於黃山之麓的徽州（今安徽歙縣），具有濃郁的地方風味特色，以烹製山珍野味、河海魚鱉及講究食補見長。

安徽位於華東西北腹地，長江、淮河由西向東橫貫境內，與黃山、九華山、大別山、天柱山等蜿蜒的山巒將之劃分成江南、江淮、淮北三個自然區域。江南山區奇峰疊翠，山巒相連；江淮之地丘陵起伏，溪湖眾多；淮北平原沃野千里，良田萬頃。境內氣候溫濕，四季分明，土地肥沃，物產富饒。山區盛產山珍果品，沿江、沿淮及巢湖等處，淡水魚類資源豐富，平原地區盛產糧油蔬菜、雞鴨豬羊。這些自然條件為徽菜的烹飪提供了優厚的具有地方特色的物質基礎。三個自然區域，構成了徽菜的皖南、沿江、沿淮三種地方風味，皖南菜源於古徽州府，是安徽風味菜的代表。三方風味既各有特長，又有許多共同的特點：選料嚴謹，就地取材，並注重食補的原則；用火巧妙，功夫獨到，不僅能根據各種原料的特點，充分應用大、中、小火，而且還能應用幾種不同的火候烹製同一種原料，使之達到最為鮮美的境界；烹調技法多樣，尤擅燒、燉、燻、蒸；鹹鮮微甜，善於保持原汁原味。其代表名菜有：無為燻鴨、醃鮮鱖魚、符離集燒雞、黃山燉鴿、毛峰燻鰣魚、沙鍋鯽魚、雲霧肉、奶汁肥王魚、屯溪醉蟹、徽州毛豆腐、石耳燉雞、火腿燉甲魚、問政山筍、紅燒划水、葡萄魚、魚咬羊、腐乳爆肉、松子酥肉、金銀蹄雞、清燉馬蹄鱉等。

（五）湖北風味

湖北風味菜，簡稱鄂菜。中國湖北之地開發甚早，為楚文化的發祥地。早在先秦，荊楚食饌就流行於長江流域。遼闊的江漢平原是鄂菜的發源地。

鄂菜以荊楚之地為中心，包括荊南、襄陽、鄂州和漢沔四大流派，武漢菜廣收博採，是湖北菜之代表。荊南風味活躍在荊江河曲，包括宜昌、沙市、江陵、洪湖等地，擅長燒燉野味和小水產。襄陽風味盛行於漢水流域，包括鄖陽、光化、樊城、隨州等地，肉禽菜品為主，精通烘扒溜炒。鄂州風味波及鄂東南丘陵，包括黃岡、浠水、咸寧等地，以加工糧豆蔬果見長，主副食結合的肴饌尤有特色。漢沔風味根植古雲夢大澤，包括漢口、沔陽、天門、孝感等地，以燒烹水產和煨湯著稱。此外，恩施的土家族山鄉菜、五祖寺和武當山素菜也別具風味。

鄂菜的共同特點是：工藝精湛，擅長蒸、煨、炸、燒、炒，汁濃芡亮，口鮮味醇，注重本色；以燒烹淡水魚鮮見長，調製禽畜野味嫻熟，素饌吸取佛、道兩家的精髓，菜式豐富，筵席眾多；煨湯、蒸菜、肉糕、魚圓善於用水和用火，滾、爛、醇、香、鮮、嫩六美，經濟實惠，是民間喜愛的節令佳餚。著名的菜餚有：冬瓜鱉裙羹、鐘祥蟠龍、瓦罐湯、紅燒鮰魚、紅菜薹炒臘肉、清蒸武昌魚、母子大會、蔥頭炒斑鳩、蜜汁奇異果、燒春菇、雞泥桃花魚等。

（六）陝西風味

陝西風味菜，簡稱秦菜。陝西歷史上曾是古代經濟文化的發源地。對陝西風味的形成和發展影響最大的是西漢和隋唐兩個歷史時期，西漢時中國出現了許多新的烹飪原料，加上國富民安，京城長安的飲食市場繁榮興旺。隋唐的秦地不僅美味佳餚紛呈，而且長安已成為當時世界最大的都城，國際交往頻繁，飲食業空前繁榮。

1940年代，秦地與外地的聯繫加強，外幫菜被引進。秦地豐富的物產和飲食習俗逐步形成關中、陝北、漢中三種不同的風味支派。關中菜是陝西菜的代表，其特點是：取材以豬、羊肉為主，具有料重味濃、香肥酥爛和主味突出、滋味醇正的特點；陝北菜取料以羊肉為主，而以羊、豬合烹為常見，菜餚以熱燙炙口的滾、酥透入味的爛著稱；漢中菜口味多辛辣，菜餚一般具有辣鮮的特點，擅用胡椒助辛辣，鮮香之中兼有辛辣之味。

陝西風味菜主要有官府菜、商賈菜、市肆菜、民間菜和清真為主的少數民族菜等。官府菜以典雅見長；商賈菜以貴取勝；市肆菜品種繁多而豐富；民間菜經濟實惠，富有濃厚鄉土氣息；少數民族菜以羊、牛製作擅長。代表的烹調方法，以燒、蒸、煨、炒、汆、熗見長；燒蒸的技法強調形狀，酥爛軟嫩，汁濃味香；汆熗技法長於清汆和溫拌。調味上，重視菜餚內在的味和香，主料突出，口味上喜用芫荽、辣椒、陳醋、大蒜、花椒取香。著名的菜餚有：煨魷魚絲、帶把肘子、葫蘆雞、白血海參、手抓羊肉、樊記臘汁肉、海味葫蘆頭、商芝肉、燴肉三鮮、炒鴨絲等。

（七）遼寧風味

遼寧風味，簡稱遼菜，又稱關東菜、京東菜。遼寧地區在遼金時期為女真部落（滿族的先祖）聚集區，活動範圍主要在遼河流域，並向長白山、千山、松嶺、黑山和遼西走廊拓展。在金代，北方人食俗「以羊為貴。」據《松漠紀聞》稱：「金人舊俗，凡宰羊但食其肉，貴人享重客間，兼皮以進曰全羊。」可見，金代已盛行全羊席。進入清代，盛京（今瀋陽）已成清朝的留都，皇上多次東巡盛京，賜宴群臣。滿族擅長養豬，喜食豬肉，烹製方法獨具特色。

遼寧風味由清朝宮廷菜、王（官）府菜、市肆菜、民間菜組成，以瀋陽為中心的奉派菜餚是遼菜的代表。特點是香鮮酥爛，口感醇濃，講究明油亮芡；大連等沿海城市，以海鮮品為優勢，講究原汁原味，清鮮脆嫩。遼菜的主要風味特色是以鹹鮮為主，甜為配，酸為輔，口味偏濃。就地選用山珍海味，筵宴華貴；注重刀工、勺功和火功，以燉、燒、溜、扒、　見長，精於圍、配、鑲，菜形華美；脂滋多鹹，汁寬芡亮，香鮮酥爛，海味菜功力深厚；有滿族食風和遼河古文化的深厚內涵。代表菜有：紅梅魚肚、雞錘海參、猴頭飛龍、白肉火鍋、松仁玉米、小雞燉蘑菇、雞絲拉皮、李記壇肉、紅燒大馬哈魚、珍珠大蝦、扒三白、小蔥拌豆腐等。

（八）河南風味

河南風味，簡稱豫菜。河南地處中原，物產豐富，史書中較早就有許多關於烹飪飲食的記載。從商初大臣伊尹善於烹調到姜尚「屠牛於朝歌」，這些都可證明早在西元前11世紀，中原已有商業性飲食業的出現。北宋時，開封成為全國的政治、經濟、文化中心和中外貿易樞紐，城內商業林立，酒樓飯館鱗次櫛比。《東京夢華錄》稱：「集天下之奇珍，皆歸於市；會寰區之異味，悉在庖廚。」河南風味，其原料以黃河中游盛產之魚及中原的畜、禽、蔬、果為主。烹調方法眾多，尤以燒烤、扒、抓炒見長。味型多樣，以鹹鮮為主，具有滋味適中、適應性強的特點。比較名優的原料主要有大別山區、桐柏山區、伏牛山區的猴頭、竹笙、羊素肚、木耳、鹿茸菜、蘑菇等菌類，南陽的黃牛、固始的黃雞、黃河的鯉魚、淇縣的雙脊鯽魚等都是當地的名貴烹飪原料。著名的菜餚有：糖醋軟溜鯉魚焙麵、白扒魚翅、三鮮鐵鍋烤蛋、牡丹燕菜、炒三不黏、道口燒雞、桂花皮絲、玉珠雙珍、馬豫興桶子雞、雞茸釀竹笙等。

（九）江西風味

江西風味，簡稱贛菜。江西的地理位置史稱「吳頭楚尾，粵戶門庭」，早在漢代，南昌地區就「嘉蔬精稻，擅味於八方」。其菜餚在自身特點的基礎上，又取八方精華，從而形成了獨有的贛菜。江西氣候溫和，有丘陵、山脈、平原、湖泊，不同地區的烹飪原料為贛菜提供了物質基礎。鄱陽湖是中國最大的淡水湖，有魚139種；廬山的三石（石雞、石魚、石耳）以及吉安、贛州的玉蘭片則是江西的山珍。江西風味，講究味濃、油重，主料突出，注意保持原汁原味，偏重鮮香，兼有辣味，具有濃郁的地方色彩。其烹調方法最能體現特色的則是燒、燜、燉、蒸、炒。代表菜餚有：三杯雞、紅酥肉、海參眉毛肉圓、清燉武山雞、炒石雞、文山里脊丁、南豐魚絲、炒血鴨等。

（十）河北風味

河北風味，簡稱冀菜。河北地處華北平原，西倚太行山，東臨渤海。境內有山有水，有平原有海洋，不同的地形孕育了許多名特原料，如承德的蕨菜、山雞、無角山羊、大杏仁，張家口的口蘑、白雞，秦皇島的明蝦、梭子蟹、刺參，京東板栗，滄州金絲小棗，白洋澱的鯽魚、甲魚、青蝦、皮蛋等。河北風味由冀中南、塞外和京東沿海三個區域菜構成，其味型以鮮鹹、醇香為主，講究鹹淡適度、鹹中有鮮。主要烹調技法以溜、炒、炸、爆著稱。冀中南菜包括保定、石家莊、邯鄲等，以保定為代表，以山貨和白洋澱魚、蝦、蟹為主；塞外菜包括承德、張家口等，以承德為代表，擅烹宮廷菜和山珍野味；京東沿海菜包括唐山、秦皇島、滄州等，以唐山為代表，以烹製鮮活水產原料見長。代表名菜有：抓炒魚、金毛獅子魚、油爆肚仁、燒口蘑、改刀肉、醬汁瓦塊魚、烹大蝦、溜腰花、京東板栗雞等。

（十一）天津風味

天津風味，簡稱津菜。天津瀕河臨海，自然條件優越，是中國重要的港口城市。天津風味由當地風味與外地風味組成，屬多元化的飲食文化。早年山東籍人、山東籍廚師和山東籍餐館老闆在天津商界占據優勢，山東風味大占風頭。因此，天津的酒樓多不同程度地吸取魯菜之長，以迎合人們的口味，致使外地風味天津化，天津風味外地化，這種大融合的結果便形成了適應性很強的天津風味菜。天津風味，在原料上以河海兩鮮為主，烹調技法尤以扒、軟溜、清炒、清蒸、熬見長，講芡汁，重火候，調味以鹹鮮、清淡為主，菜品注重軟、嫩、脆、爛、酥。其代表菜餚有：扒通天魚翅、官燒目魚、天津熬魚、酸沙紫蟹、溜蟹黃、海蟹羹、瑪瑙鴨子等。

（十二）黑龍江風味

黑龍江風味，又稱龍江菜。主要由本地傳統菜、魯菜和俄羅斯等外國風味融合組成。白山黑水地區，自古就是多民族雜處之地，其飲食風味會聚多民族風格。據《黑龍江志稿》載：「江省食品最隆重者為全羊筵席」，又載：「江省入冬以來，居家者多食火鍋……是時獵產所得野物若飛龍、若沙雞、若黃羊、若山 以及牛、羊、豬等肉經火鍋烹煮，和以椒、鹽、薑、蔥等味，誠北方之佳品，湯之內皆作酸菜，又為北方之特品」。由於地理環境的特殊，除盛產大豆、高粱以及北方蔬菜果品外，還有豐富的山珍野味。這些地產特有原料賦予黑龍江風味明顯的地方特色。在烹飪技法上，以傳統的炙、 、扒為主，並吸收魯菜、西菜的某些技法如溜、爆、炒等。少數民族菜品以湯菜為主，燒、烤羊、兔等野味肉食占有一定的比重。代表菜餚有：醬白肉、氽白肉、漬菜火鍋、炒肉漬菜粉、什錦火鍋、玉烏銀絲、金絲鱖魚等。

（十三）吉林風味

吉林風味，簡稱吉菜。15世紀，冀魯晉豫的移民來到東北，與女真、滿族交往中，中原飲食文化與松遼平原的飲食風俗逐漸交融。吉林地處東北腹地，長白山的野味、菌菇與松遼平原的蔬果、大豆特別著名，松花湖的「一鯉、二白、三花、五羅魚」（鯉魚、白魚、鰲花、鯿花、鯽魚、雅羅、哲羅、胡羅、法羅、騰羅），圖們江的大馬哈魚等更是入饌的上品。吉林風味以長春、吉林兩地菜餚為主，延續滿族習俗，吸取魯菜之長而形成。以松遼平原所產的優質食物和長白山的野味、江河湖泊的水產品為主要原料。烹飪技法以 、扒、燉、煮見長，由於氣候的特點，其口味以辣味最為普遍，油重、色濃、味鹹。代表菜餚有：紅燒鹿筋、三鮮飛龍、人參燉烏雞、白扒松茸蘑、李連貴燻肉、真不同醬肉、漬菜白肉火鍋等。

（十四）山西風味

山西風味，簡稱晉菜。由晉中、晉北、晉南和上黨四個流派組成。山西古代民俗淳厚，崇尚節儉，素有「千金之家，食無兼味」的說法。到了清代，隨著晉商的崛起，晉菜的烹飪技術有了迅速的發展。山西全境多山，河流縱橫，黃河、汾河盛產淡水魚類，廣闊的山地提供豐富的野味。山西風味具有油大色重、火強味厚、選料嚴格考究、調味靈活多變的特點，刀工不尚華麗而精細紮實，擅長爆、炒、溜、炸、燒等技法。山西人飲食上嗜酸，當地的老陳醋享譽全國，菜品製作講究醇厚沉鬱，酸而不澀，基本味型以鹹鮮為主，甜酸為輔。代表菜餚有：醬梅肉、櫻桃肉、糖醋魚、溜雞脯、鍋燒羊肉、過油肉、羊肉罐、栗子燒大蔥等。

（十五）甘肅風味

甘肅風味，簡稱隴菜。西漢張騫兩次出使西域，開闢了古絲綢之路，在甘肅形成了一些較發達的重鎮，同時引進了胡食，豐富了烹飪原料。在漫長歷史的長河中，當地不斷吸收外來的烹飪技法。甘肅處在三大黃土高原地帶，黃河、洮河、湟水、白龍江等流域盛產豐富的水產魚類，河西的羊羔、駝掌、蕨菜和隴西的火腿、金錢肉，蘭州的百合、白蘭瓜及羊肚菌、無花果、蘑菇、木耳、銀耳等為甘肅風味烹飪提供了獨特的原料。隴菜主要由蘭州菜、敦煌菜及少數民族風味構成，以蘭州菜為代表。甘肅地處高原，氣候乾燥涼爽，隴菜鹹而味濃，適應高原的特點。常用的烹飪方法有燜、燉、蒸、炸、炒等。代表菜餚有：虎皮豆腐、臨夏羊肉小炒、腐乳肉片、平涼葫蘆頭、天水冬瓜等。

（十六）雲南風味

雲南風味，簡稱滇菜。雲南地處西南邊陲，有「植物王國」和「動物王國」之稱，各地烹飪原料品種極多，各種食用菌、野菜、鮮花和水產等，為當地烹飪提供了物質基礎，而善於運用當地山珍野味烹製具有當地特色的菜點是滇菜最大的特點。雲南是中國少數民族最多的省分，共有漢、回、白、苗等20多個民族，民族飲食文化絢麗多彩，烹飪具有濃郁的地方特色和民族特色。雲南風味主要由昆明、滇東北、滇西、滇南等地方菜組成，其菜餚用料廣泛，時鮮果蔬、山珍野味，家養、野生動物均可入饌，擅長蒸、燉、滷、醃、凍、炸、烤等烹調方法，菜餚口味鮮香、清甜兼帶酸辣味。代表菜餚有：氣鍋雞、火腿乳片、五香乳鴿、雞翅羊肚菌、酸辣大頭魚、過橋米線等。

（十七）海南風味

海南風味，立足於海南的地方特產。因地處熱帶，四面環海，島上多山林，因而海產魚類和當地的農作物是其主要的食物原材料，家禽、家畜和熱帶植物都具有一定的獨特性，如文昌雞、加積鴨、東山羊、鮑魚以及龍蝦、海參、明蝦、海龜等。熱帶植物椰子、腰果、鳳梨、檸檬、胡椒等，四季皆有。海南風味以海口為中心，由文昌、臨高、三亞等地風味組成，擅長蒸、炆、焗、煲、炒等烹調方法。其口味以清鮮居首，重視原汁原味，甜酸辣鹹兼備，講究清淡，烹飪風格屬於粵菜支系。海南自古受中原飲食文化的影響，又結合當地熱帶農作物的特點，形成了獨具特色的菜餚：白斬文昌雞、火把東山羊、瓊州椰子盅、海南椰奶雞、椰液香酥鴨、椒鹽焗鮮魷、鮮炒蜆肉、油泡沙蟲等。

（十八）廣西風味

廣西風味，簡稱桂菜（因廣西全境有「八桂」之稱）。桂菜源於中國南部地區，主要由桂林地區、南寧地區、梧州地區三大地方及少數民族風味構成，以桂林地區最具代表性。廣西南臨北部灣，境內山高林茂，山水秀麗，民族眾多，山珍、海味、果菜等資源十分豐富，如果子狸、山瑞、蛤蚧、山蛤、竹鼠、魚翅、海參、鮑魚、明蝦、扇貝等應有盡有。桂菜多以山珍海味為主料，加上地方土特產為配料，如玉桂、茴香、田七、羅漢果等，菜餚風味獨特。擅長燒、蒸、炒、燉、紙包等烹調方法，口味鹹鮮醇厚，偏酸辣。代表菜餚有：桂乳荔芋扣肉、原味紙包雞、掛綠爽肉果、鳳球骨香雞、七彩什錦煲、龍鳳荔枝、龍虎鳳大會、蛤蚧燉全鴨、子薑菠蘿鴨塊等。

（十九）貴州風味

貴州風味，簡稱黔菜。貴州地處雲貴高原東北部，境內多山川，少平地，有「地無三里平」之說，四季不甚分明，氣候溫和濕潤，物產豐富。黔菜主要由貴陽地方風味、民間風味和少數民族風味組成，在形成過程中受川菜影響較大。其中以貴陽風味最具代表，菜品製作既有北方的濃厚，也有川菜的辣香，還有當地的古樸典雅；民間風味多喜食辣椒，少數民族菜則既吸取了漢族飲食和貴陽地區飲食之長，又保留了本民族的傳統習慣。黔菜選料精細，烹調方法多樣，尤擅長炒、爆、蒸、烤、煎等，口味辣香酸鮮，醇厚兼麻。其代表菜餚有：竹筒烤魚、爆竹魚、天麻鴛鴦雞、陽明鳳翅、宮保魔芋豆腐、釀竹筀、醋羊肉等。

（二十）青海風味

青海風味，源於青藏高原東北部地區，是融匯牧區各民族飲食習慣而形成的一種風味。青海地區為長江、黃河兩大河流的發源地，一直是中國重要牧區之一。歷史上，當地農業生產水準較低，糧食不能自給，為適應高原地區寒冷的氣候，人們的飲食以牛羊肉和奶製品為主，善烹高蛋白、高脂肪、高發熱量的原料和當地豐富的動植物特產，如牛羊肉、鹿鞭、牛沖、羔羊、雪雞、黃羊、蟲草、枸杞、人參果等，擅長燒、燉、炸、烤、煮等烹調方法，口味鹹鮮酸辣。青海的地理和人文環境決定了青海地區飲食的多樣性，加上漢、藏、回、土、撒拉、蒙古、哈薩克等民族的會聚，故飲食具有許多民族的風格特色。青海風味以西寧為中心，特別是青海的藏民和回民較多，故飲食文化受藏族風味和清真風味菜影響較大。其代表菜餚有：蟲草雪雞、筏子肉、松鼠湟魚、香酥岩羊、猴頭駝峰、蜂爾里脊等。

（二十一）內蒙古風味

內蒙古風味，簡稱蒙菜。蒙菜具有濃厚的遊牧民族的古樸粗獷的飲食風格。內蒙古是中國面積最大的省區之一，東西的地理、氣候和物產也有差別，其風味特色主要以草原蒙古風味和交通沿線大城市的市肆菜為主。諸如呼和浩特、包頭、海拉爾、滿洲里等城市早已多民族雜居，飲食風味已融合了蒙古、漢、滿等民族的飲食習俗及魯、晉、京等地方風味之長，形成了既具有當地特色，又具有一定蒙古族色彩的飲食；草原風味則以陰山以北最具代表性，具有蒙古遊牧民族的鮮明特色。蒙菜烹飪用料豐富，以肉類居多，烹調方法擅長烤、炸、燒、煮等，口味突出鹹鮮、糊辣、奶香。其代表菜餚有：烤全羊、羊五叉、手把肉、炒駝峰絲、扒駝峰、扒髮菜蹄筋、拔絲奶皮、氽飛龍湯等。

（二十二）寧夏風味

寧夏位於黃河河套西部，灌溉農業歷史悠久，自古有「天下黃河富寧夏」之謂。古代的「大夏國」、「西夏王國」均立足於這片土地上。寧夏是中國回族人數最集中的地區，飲食文化反映了伊斯蘭教的傳統習俗，又吸收借鑑了漢族等其他民族的烹飪特色，形成了今日的清真菜餚。寧夏風味主要是由回族風味與銀川、吳忠、固原三地方風味構成。其菜品主要利用當地特產原料烹製，菜餚選料嚴格，講究衛生，嚴格遵守《古蘭經》戒律；烹調方法多用烤、燴、爆等，口味突出酸辣濃厚，凡其他民族應用的烹調技法，清真菜基本都有應用。其代表菜餚有：手把羊肉、紅燒黃河鯉魚、清蒸鴿子魚、手抓雞、金錢髮菜、抓炒鯉魚片、扒駝掌、烤羊腿、燒牛蹄筋、蔥爆羊肉等。

（二十三）新疆風味

新疆位於西北邊隆，為多民族聚居地區。新疆風味由維吾爾族風味、其他少數民族風味和市肆飲食風味構成，展現多民族飲食文化既有大交流、又共存共榮的特點，而以烏魯木齊最具代表。清代紀昀的《烏魯木齊雜詩》云：「山珍如饌只尋常，處處森林是獵場。若與分明評次第，野騾風味勝黃羊。」原料使用上多用當地產的牛羊肉類和瓜果蔬菜，烹調方法擅長烤、蒸、炸、煮等，質地、味型適應氣候高寒、人體需熱量大的要求，具有油大、味濃、香辣兼備的特點。其代表菜餚有：烤全羊、燻馬腸、烤羊肉串、手抓肉、蔥爆羊肉、貝母煨牛肉、雙色雞、帶泡生燒肉等。

（二十四）西藏風味

西藏位於青藏高原西南部，是藏族最多的地區。藏族人以放牧為主，兼營農業，但高寒山區的氣候特點決定了農業收成很有限。故飲食原料以牛羊肉、奶製品、青稞等為主。藏族飲食最大的特點，是適應高原高寒缺氧生活環境的高熱量飲食。特殊的高原環境，使這一民族很早就形成了具有獨特風格的飲食習俗。在食品原料方面，品種較少；在烹調方法上無法應用內地的許多常見的烹調技法，如「煮」製需要用壓力鍋烹製，否則難以煮熟食物。西藏風味，是以拉薩為中心，吸收青海、四川、甘肅等地藏族風味組成，烹調方法簡單、粗放，擅長烤、炸、煮、燒等，口味鹹酸甜兼有，其代表菜餚有：手把羊肉、烤牛肉、油松茸、蟲草氣鍋雞、野雞扣蘑菇、灌粉腸、灌血腸、蘑菇燉羊肉等。

（二十五）臺灣風味

300多年前鄭成功統治臺灣時，大陸人民尤其是福建和廣東沿海大量居民移居臺灣。臺灣菜在本地原料的基礎上，大多受到閩、粵菜的影響。臺灣一直有寶島之稱。環繞臺灣的海域中海產資源極其豐富，名目繁多，僅魚類就有500餘種。臺灣地處溫帶和熱帶之間，氣候溫暖，空氣濕潤，南部水稻一年三熟，蔬菜瓜果品種極多，禽畜產品十分豐富。臺灣風味以海味為主，各種魚類菜餚品種繁多。其烹調技法與福州、廈門多有相似之處，以燜、炒、燉、蒸等烹調法為特色。由於氣候的原因，在烹調製作中求清淡新鮮，雞鴨類菜餚多為香爛，海鮮小炒鮮鹹香脆，而略帶酸辣。代表菜餚有：火把魚翅、蔥油烤魚、五味九孔、鹽酥蝦、炒蔭豉蚵、旗魚香炸、滷盤鴨、炸八塊雞以及甜羹類菜餚等。

（二十六）香港風味

香港於珠江口東側，與深圳毗鄰，包括香港島、九龍半島和新界三部分。香港的飲食業被人們稱為「世界美食天堂」，現有飲食網點9000餘家，其中3000多家是經營各種中式風味特色的菜館，有潮州、廣東、北京、上海、天津、山東、江蘇、安徽、福建、浙江、湖南、湖北、四川、貴州、雲南、吉林、遼寧、黑龍江、內蒙古、臺灣等二三十種地方風味。還有外國風味菜館310多家，包括英、美、法、義、俄、德、日、韓、越、印度、馬來西亞等二三十個國家的各種特色菜點應有盡有，而且各店都保持自己的風味特色。香港最多的菜品是港化的各地、各國風味菜品，其主要菜式還是以廣東的東江、潮州、廣州風味為主，菜餚製作的特點是主料突出，以生猛海鮮為主，烹調方法以煎、炒、灼、煲、炆、焗、燒、烤見長，口味清淡、鮮嫩、味醇。代表菜餚有：沙鍋雞鮑翅、翡翠南乳鴿、涼瓜炆排骨、沙鍋大魚頭、醉豬手、百花冬瓜球、芹菜帶子、酥炸生蠔、滑雞絲大翅、蒜子瑤柱甫等。

（二十七）澳門風味

澳門位於珠江口西南，與珠海市毗鄰，包括澳門半島和　仔、路環兩島。澳門風味體現了文化包容的美食風格，它糅合了亞歐風味，以傳統的海鮮、肉類、家禽、果蔬作為原料，加入從各地帶來的香料，特別是融合了葡萄牙菜與中餐菜餚的元素。澳門地區因其面積、人口均不及香港，飲食業沒有香港的名氣大。葡萄牙飲食文化對澳門地區的飲食業有一定的影響。在這裡，粵、閩等內地菜與以葡萄牙為主的西餐菜的結合是澳門風味的主要特色。許多餐廳酒樓中西餐兼營。

在澳門可以品嘗到東西方風味不同的佳餚，澳門食街的食品食料五花八門，色香味俱全。代表菜餚有：魚翅湯、燒乳豬、馬介休、葡式炒蜆、咖哩蟹、燒牛尾、沙丁魚等。

第三節 中國麵點的主要流派

中國的麵點製作，大體上可分為「南味」和「北味」兩大類。具體又可分為以下幾個主要流派。

一、北食薈萃的京式麵點

京式麵點，泛指黃河以北的大部分地區（包括山東、華北、東北等）製作的麵點，以北京為代表，故稱京式麵點。中國北方是小麥、雜糧的盛產地，所以對以麵粉、雜糧為主要原料的各種麵食的製作，特別擅長，代表了中國北方麵點的風格模式。

（一）京式麵點的形成

京式麵點最早源於山東、華北、東北地區的農村以及滿、蒙、回等少數民族地區，進而在北京形成流派。北京是六朝古都，特別是元、明、清時南北方以及滿、蒙等民族麵點製作技術相繼傳入北京。如遼代渤海膳夫的「艾糕」，元明之時高麗和女真食品的「栗子糕」以及「回回飲食」和「畏兀兒（維吾爾）茶飯」等。明朝時，有江浙一帶的麵點師在京開設的南食鋪，有河北通州、保定、涿縣在京開設的麵點鋪，還有回民清真糕點鋪，清入關後，又有為朝廷「供享神祇、祭祀宗廟、內廷殿試、外番筵宴」所必需的滿洲餑餑鋪的開設。都城乃「五方雜處」之地，這裡既集中了四面八方的美食原料，又彙集了東南西北的風味及烹製高手。居住在京城的各族人民，相互取長補短，逐漸形成了以北京為中心的京式麵點體系，後發展成為中國麵點的一大流派。

（二）京式麵點的特色

京式麵點製作技術精湛，口味爽滑、筋道，種類豐富多彩，如一品燒餅、清油餅、北京都一處燒賣、天津狗不理包子，以及清宮仿膳的肉末燒餅、千層糕、艾窩窩、豌豆黃等，都享有盛譽。在餡製品方面，京式麵點的肉餡多用「水打餡」，佐以蔥、薑、黃醬、味精、芝麻油等，味道鮮鹹而香，柔軟鬆嫩，風味獨特。

二、南味並舉的蘇式麵點

蘇式麵點，係指長江中下游江、浙、滬一帶地區所製作的麵點，以江蘇為代表，故稱蘇式麵點。該地域素有魚米之鄉美譽，經濟繁榮，物產豐富，飲食文化發達，為製作多種多樣的麵點創造了良好的條件。麵點製品具有色、香、味、形俱佳的特點，是中國「南味」麵點的正宗代表，在中國麵點史上占有相當重要的地位。

（一）蘇式麵點的形成

江蘇自古以來就是飲食文化的發達地區。據許多史料記載，蘇式麵點早在戰國時代已頗負盛名，到唐代時，蘇州點心更聞名遠近，白居易、皮日休等詩人曾在詩詞中多次提及蘇州的「粽子」、「粔籹」、「糰」等點心。大運河通航後，揚州市曾以「十里長街市井連」聞名全國，並有「揚一益二」之稱。到了宋代，蘇州的節令食品已頗具特色。吳自牧在《夢粱錄》中記載了蘇州一帶糕餅點心的製作情況：有金銀炙焦牡丹餅、棗箍荷葉餅、芙蓉餅、菊花餅、梅花餅、開爐餅、甘露餅、月餅、肉油餅、千層餅、炊餅、豐糖餅、乳糕、栗糕、鏡面糕、薄脆、炸食、餈糕、蜜糕等。可見品種甚多，既有烘烤、蒸製製品，也有油炸製品等。明人韓奕在《易牙遺意》中曾記述了二十餘種江南名點。明代的揚州，已是「飲食華侈，市肆百品，誇視江表」。明清時期，江南點心已相當豐富多彩，淮揚美點更以選料嚴格、做工精細而享譽大江南北。

優越的地理位置和豐富的物產資源，為蘇式麵點提供了良好的條件。蘇式麵點最早興盛於蘇州、揚州，蘇州為「今古繁華地」，襟江臨湖，盛產稻米和水產，市井繁榮，商賈雲集，遊人如織，文人薈萃。古城揚州，則是官僚政客、巨商大賈和文人墨客的會聚之地。這些都為蘇式麵點的創製和發展提供了客觀條件。蘇式麵點品種繁多、應時迭出、風味獨特。《吳中食譜》記曰：「蘇州船菜，馳名遐邇，妙在各有其味，而尤以點心為最佳。」《隨園食單》記曰：「揚州發酵麵最佳，手捺之不盈半寸，放鬆隆然而高。」由此，我們可以看出蘇式麵點的製作及發展狀況。

（二）蘇式麵點的特色

蘇式麵點製作精巧、講究造型、餡心多樣。隨著季節的變化和群眾的習俗應時更換品種。在品種繁多的麵點中，尤以軟鬆糯韌、香甜肥潤的糕團見長。餡心注重摻凍，汁多肥嫩，味道鮮美，如淮安文樓湯包、鎮江蟹黃湯包、揚州三丁包子、翡翠燒賣等馳名全國。蘇州船點，注重造型，栩栩如生，被譽為食品中的精美的藝術品。

三、兼容並蓄的廣式麵點

廣式麵點，泛指珠江流域及南部沿海地區所製作的麵點，以廣東為代表，故稱廣式麵點。嶺南地區，由於地理、氣候、物產等自然條件的關係，當地居民在飲食習慣上與北方中原地區存在著明顯的差別，麵點製作自成一格，富有濃厚的南國風味。

（一）廣式麵點的形成

地處一隅的嶺南，由於交通不便，自古與中原地區聯繫困難，古代的麵點及飲食比較粗糙。直至漢代，建立「馳道」，嶺南地區的經濟、文化才與中原相互溝通，飲食文化才有了較大的發展。漢魏以來，廣州成為中國與海外通商的重要口岸。南宋京都南遷，大批中原士族南下，中原的麵點製作技術融入南方麵點製作之中。明清時期，廣式麵點廣採「京都風味」、「姑蘇風味」和「淮揚細點」以及西點之長，融會貫通，在中國麵點中脫穎而出，揚名海內外。

廣式麵點，最早以嶺南地區民間食品為主，原料多以米為主料，如倫教糕、蘿蔔糕、炒米糕、糯米糕、年糕、油炸糖環等。在明清時期，民間的麵點製作風氣較盛。如明嘉靖時黃佐的《廣州通志》記載：「婦女以各式米麵造諸樣果品，極為精巧，饋送親友，謂之送飣。」迎春時「蒸春餅，圓徑尺許，厚五六寸，雜諸果品供歲。」中秋節「城市以麵為大餅，名團員餅」等。清代，南北交流增多，民間麵粉製品不斷增加，並出現了酥餅等麵點。如乾隆二十三年（西元1758年）的《廣州府志》中已有白餅、黃餅、雞春酥等的記載。

（二）廣式麵點的特色

廣式麵點以廣州最具代表性，長期以來，廣州市一直是中國南方的政治、經濟和文化中心，經濟繁榮、貿易發達，外國商賈來往較多。在麵點製作中，廣式麵點多使用油、糖、蛋，味道清淡鮮爽，營養價值較高；並且善於運用荸薺、馬鈴薯、芋頭、山藥及魚蝦等作為坯料，製作出多種多樣的美點，如娥姐粉果、沙河粉、叉燒包、蝦餃、蓮蓉甘露酥、馬蹄糕等麵點，無不具有濃厚的南國風味。

四、其他地區的麵點風味

（一）麵食之鄉的晉式麵點

晉式麵點，係指三晉地區城鎮鄉村所製作的麵點，故稱晉式麵點。它是中國北方風味麵點中派生的又一流派。晉式麵點在三晉地區涵蓋面極廣，家家會做。婚喪嫁娶、祝壽賀節、生兒育女等場合更是麵食的天地。晉式麵點已成為三晉文化不可缺少的一個組成部分。

1.晉式麵點的形成

晉式麵點最早起源於三晉地區的廣大農村，繼而在城鎮得到了發展和提高。黃河懷抱中的三晉地區是華夏文化的發祥之地，從遠古開始，當地的勞動人民在源遠流長的農事活動中，經過長期的定向培育，發展起一大批適應北方水土的農作物品種：小麥、高粱、　麥、蕎麥、紅豆、豇豆、玉米等，為山西麵食提供了豐富的麵點原料。

山西自古素有「麵食之鄉」的稱譽，流傳至今的晉東名食「石頭餅」，它的源流可上溯到幾千年前的「石烹」——原始人用火把石頭燒熱，然後把生麵糰放在石頭上使之成為熟食。早在春秋時期的晉國，就有許多石磨和羅等製粉工具。東漢時，就有「煮餅」、「水溲餅」（崔寔《四民月令》）、「湯餅」等諸多稱謂。宋太宗火燒晉陽，建立太原城後，山西麵食吸取汴梁（今開封）風味，有了長足發展。到了明代，麵食品種已接近現代的品種，當時山西已有炸醬麵、雞絲麵、蘿蔔麵、蝴蝶麵等，並進入開封府成為「都門佳品」。

2.晉式麵點的特色

晉式麵點製作精細，用料廣泛，有白麵（小麥）、紅麵（高粱）、米麵、豆麵、蕎麵、　麵和玉米麵。製作時，各種面或單一製作或三兩混合，風味各異。如刀削麵、刀撥麵、掐疙瘩、餄　、剔尖、拉麵、抿圪蚪、貓耳朵等。其吃法也是多種多樣，煮、炒、蒸、炸、煎、燜、燴、煨都可以，或澆滷、或涼拌，或蘸作料，有「一麵百味」之譽。

（二）西北風格的秦式麵點

秦式麵點，泛指中國黃河中上游西北部廣大地區所製作的麵點，以陝西為代表，因陝西戰國時期曾是秦國的轄地，又一直是西北的重要門戶，故稱秦式麵點。它是中國北部地區的又一重要流派。陝西是華夏文化的搖籃之一，古都西安一直是西北地區的中心，又是絲綢之路的起點。漢族的古老麵點與少數民族的風味點心相互交融，是秦式麵點的主要特色。

1.秦式麵點的形成

秦式麵點最早源於西北地區鄉村的少數民族地區，在古都西安形成製作特色。秦地歷史上曾是古代經濟、文化的發源地，因此，秦式麵點的形成和發展，與歷史、地理、氣候、風俗有著密切的關係。周、秦、漢、隋、唐等十一個王朝都曾在西安建都，歷時達一千餘年。西安（古稱長安）號稱世界文化古都，作為文化反映的麵點製作技術，在秦地有著悠久的歷史。

秦式麵點是在周、秦麵食製作的基礎上，繼承漢、唐製作技藝傳統發展起來的。盛唐時期，京師長安的麵點製作已經基本形成自己的體系，屬於「北食」。據文獻記載，當時在長安設有糕餅鋪，有專業的餅師，品種除了糕、餅外，還出現了團、粽、包等等。如今遍及關中各地的「石子饃」，唐時叫做「石鏊餅」，其源流可上溯到石器時代的「石烹」。民間流傳的古代麵食之製對秦式麵點影響較大。「富平太后餅」相傳是西漢文帝劉恆的御廚傳入富平民間而保存下來的；三原名點「泡兒油糕」、榆林佳點「香哪」、定邊「糖饊子」分別來源於唐代韋巨源「燒尾」食單中的「油浴餅（見風消）」、「消災餅」、「酥蜜寒具」。由於唐代各地民族居住在長安的較多，所以秦式麵點中民族飲食品較為普遍，最有代表性的是清真食品「牛羊肉泡饃」，這種食品在唐代叫做「油供末胡羊羹」，其他如「乾州三寶」之一的乾州鍋盔，就是新疆維吾爾民族食品「　」的發展和提高。

2.秦式麵點的特色

西北地區有喜食牛羊肉的傳統，所以麵點製作的餡料、配料、澆頭選料極為豐富，創造了自成一體的麵食特點。這裡的名點小吃多以油酥製品為主，麵點食品具有韌勁、光滑的特點，口味注重鹹辣鮮香，民族風味濃厚，著名的有虞姬酥餅、金絲油塔、泡兒油糕、岐山臊子面、石子饃、燴扁食等。

（三）西南天府的川式麵點

川式麵點，係指長江中上游川、滇、黔一帶所製作的麵點，以四川為代表，故稱川式麵點。它是中國西南地區的一個流派。西南地區，氣候溫和，雨量充沛，物產富饒，四川自古又有「天府之國」的美譽，其麵點製作和川菜一樣久享盛名。

1.川式麵點的形成

川式麵點，源自民間，巴蜀民眾和西南各族人民自古喜食各類麵點小吃。早在三國時期就有「食品饅頭，本是蜀饌」之說。相傳諸葛亮南征孟獲，將渡瀘水，「土俗殺人首祭神，亮令以羊豕代，取面畫人頭祭之」，晉人常璩的《華陽國志》記載，巴地「土植五穀，牲具六畜」，蜀地「山林澤魚，園囿花果，四節代熟，靡不有焉」。品種多樣的糧食和產量豐富的甜味物和水果，為川式麵點製作提供了優越的物質條件。唐宋時期，川式麵點有了新的發展，並逐漸形成了自己的風格特色，出現了許多特色的麵點品種，如「蜜餅」、「胡麻餅」、「紅棱餅」等。「胡麻餅樣學京都，麵脆油香新出爐」（白居易）、「小餅戲龍供玉食，今年也到浣花村」（陸游），這是詩人描繪當年四川麵點製作之精細、銷售場面之熱鬧的佳句。唐宋之間的五代時期，中原戰禍頻起，而蜀地卻相對穩定，經濟比較繁榮，麵點製作繼續發展，出現了一些有名的品種。至元明清各代，經幾百年的發展演變，川式麵點在門類、品種、規格、花樣等方面，逐漸走向完備。到清末，川式麵點已經具有一定規模了。清人傅樵村曾著《成都通覽》一書，其中專章介紹了成都的麵點，可作為川式麵點的代表。他把成都麵點分為普通食品類、餅類、糕類、酥類、席點類等類別，具體列載了138個品種。一千多年來，川式麵點的風味依地區、民族、氣候、風俗、習慣及消費者嗜好的不同而有異。

2.川式麵點的特色

川式麵點用料廣泛，製法多樣，所用主料遍及稻、麥、豆、果、黍、蔬、薯等。既擅長麵食，又喜吃米食，僅麵條、麵皮、麵片等就有近百種。口感上注重鹹、甜、麻、辣、酸等味，地方風味十分濃郁。如成都的賴湯圓、擔擔麵、龍抄手、鐘水餃、珍珠圓子、鮮花餅，重慶的山城小湯圓、雞蛋什錦熨斗糕、提絲發糕、八寶棗糕，瀘州的白糕、五香糕，宜賓的燃麵等。

（四）江漢平原的鄂式麵點

鄂式麵點是指長江中游荊楚一帶地區所製作的麵點，以湖北為代表，故稱鄂式麵點。它是中國長江流域中部地區南味麵點中的一個流派。臨江倚湖的荊楚大地，地處中國中部，由於當地河網縱橫交錯，湖泊星羅棋布，為中國重要農作物產區，自古就有「湖廣熟，天下足」之說。其主食的豐富多樣，為當地的麵點製作提供了良好的條件。

1.鄂式麵點的形成

鄂式麵點，歷史悠久。早在戰國時期，屈原在《楚辭．招魂》中記述過楚王宮的筵席點心，如、粔籹、餦餭、蜜餌之類，也就是甜麻花、酥饊子、蜜糖糕和油煎餅的雛形。魏晉南北朝時，湖北已有眾多的節令小食。《荊楚歲時記》中有楚人立春「親朋會宴啖春餅」和清明吃大麥粥的記載，《續齊諧志》介紹了楚地端午用彩絲纏粽子投水祭奠屈原的風俗，還有關於荊州刺史桓溫常在重陽邀約同僚到龍山登高，品嘗九黃餅的記載。

唐宋時，湖北麵點創造出了許多流傳至今的名品，如黃梅五祖寺的白蓮湯和桑門香（油炸麵拖桑葉），黃岡人新年祭祖的綠豆餈粑，秉承石燔法的應城砂子餅，可存放一旬的豐樂河包子，酷似荷花的荷月餅，以及「泉水麥麵香油煎」的東坡餅等。

明清兩代，湖北麵點不斷充實新品種，又推出孝感糊湯米酒、黃州甜燒梅、鄖陽高爐餅、光化鍋盔、宜昌冰涼糕、荊州江米藕、沙市牛肉摳餃子、江陵散燴八寶飯，以及武漢的談炎記水餃、四季美湯包和苕麵窩、米粑、熱乾麵等。《漢口竹枝詞》中所謂：「芝麻饊子叫淒涼，巷口鳴鑼賣小糖，水餃湯圓豬血擔，深夜還有滿街梆。」便是清末漢口麵點小吃夜市的寫照。

湖北位於華夏腹心，九省通衢，發達的水陸交通樞紐和繁榮的物資集散中心，使荊楚之地彙集天南海北之人，兼收並蓄東西南北文化，因而當地的飲食麵點製作也具有較強的包容性，並透過吸收和改進，形成了本地獨特的麵點風格。

2.鄂式麵點的特色

鄂式麵點得益於江漢平原的農作物，米和魚是當地居民日常飲食的重要主副食原料。其麵點製作多用米、豆製品以及麵、薯、蔬、蛋、奶類為原料。米粉麵糰和米豆混合磨漿燙皮的製品甚多。荊楚的米類製品，量大品種多，除了普通的米飯、粥外，米糕、米麵窩、米泡糕、米圓子、炒米粉子、米粉絲，以及用糯米製成的湯圓、年糕、餈粑、糰子、粽子、涼糕等豐富多彩。重視多種糧食作物的配合使用，其花色品種豐富多樣。對外來品種大膽移植和改進，像五葉梅、一品包、碗碗糕等都是從外來品種演化而來的。湖北人早餐離不開麵食小吃，武漢居民不論春夏秋冬，都習慣在小食攤上過早（吃早餐）。其米麵食品質感餈糯香滑，調味鹹甜分明。代表品種有武漢熱乾麵、黃州燒賣、雲夢魚麵、黃石夾板糕、老通城豆皮、四季美湯包、東坡餅等。

本章小結

由於全國各地的地理、氣候、物產和經濟、文化、風俗的差異，形成了各地不同的風味特色。黃河流域、長江流域、珠江流域三大水系形成了各不相同的地域風格，其菜餚、麵點的製作也顯現出製作的差異。隨著社會經濟的發展，大都市的菜品逐漸顯示出它的影響力。本章從全國範圍著眼，可使學生瞭解到本地和其他地區不同的風格特色。

思考與練習

1.地方風味形成的主要原因有哪些？

2.山東風味有哪些特點？它是怎樣構成的？

3.四川風味在調味方法上有什麼特點？

4.廣東菜點有哪些主要特色？

5.江蘇風味是怎樣構成的？其主要特色是什麼？

6.闡述北京、上海都市風味的基本特點。

7.京式麵點的主要特點是什麼？

8.蘇式麵點的主要特點是什麼？

9.廣式麵點的主要特點是什麼？

第 6 章 中國菜品及其風味特色

本章重點

中國烹飪不同的風味菜品顯現出不同的風格特色。都市菜品、鄉村菜品、民族菜品、風味小吃以及宮廷菜、官府菜、寺院菜流過了千百年的歲月，但歸根結底，鄉村菜品是中國烹飪的「根」，都市菜品是中國烹飪的「魂」，民族風味、地方小吃是中國烹飪的「奇葩」。本章將帶領人們領略不同烹飪風格菜品的大千世界。

內容提要

透過學習本章，要實現以下目標：

●瞭解都市菜品的風格特色

●瞭解鄉村菜品的特色與風味

●瞭解不同民族的飲食精華

●瞭解宮廷、官府、寺院菜的主要風味特色

中國烹飪風味流派眾多，各地方菜、民族菜以及宮廷菜、官府菜、商賈菜、寺院菜流傳了千百年，但追根溯源，都離不開中國各地的村村寨寨和市井人家。就目前中國烹飪的現狀而言，鄉村菜品是中國烹飪的根，都市菜品是中國烹飪的魂，民族風味和地方小吃是中國烹飪的奇葩，加之不同風格特色的宮廷菜、官府菜、寺院菜等，作為中國烹飪的特色音符，展現著不同的風采。它們居於飲食文化的不同層面，呈現著不同的風格特色。自古以來，這些不同菜品之間相互影響、相互補充，在形成自己獨特個性的基礎上，跟隨時代的步伐不斷發展和完善。而今，在飲食文化大發展的時代，它們已越發顯現出時代的風貌，展現出現代生活的風格特色。

第一節 引領時尚的都市菜品

這裡的「都市」，主要指的是大中型城市。都市菜品，是指各大中城市酒店、餐館經常銷售的飲食菜點。中國都市菜品是中華飲食文化的重要組成部分，它以其特有的風格特色和文化內涵豐富著中國的飲食文化主體，推動著中國飲食文化的演變和發展。

一、都市飲食的發展

中國的城市和城中之市（如夜市、早市、菜市等）雖然都出現得較早，但是，到了春秋戰國這個社會大變革時期，城才大量湧現，市才空前繁榮。春秋戰國時期形成的市井格局和制度，一直被沿用到唐代，基本上沒有大的變化。有變化的，主要是市的規模和對市的具體政策。

唐宋時期，中國都市飲食業開始發展起來，飲食文化日漸繁榮，形成了中國飲食史上的一個昌盛時期。唐宋時期飲食文化中最突出的特點，是都市飲食發展十分迅速，並在短期之內達到十分繁榮的地步。

唐代，大都市裡的飲食業除日市外，還有早市、夜市。在長安，大臣上早朝，在路邊、街旁很容易買到「胡餅」、「麻團」之類的食品，當時都市的飲食供應點的分布也是很廣的。

到宋代，都市飲食業更是空前繁榮。就孟元老《東京夢華錄》中提到名字的包子、饅頭、肉餅、油餅、胡餅店鋪就不下10家。其中，「得勝橋鄭家油餅店，動二十餘爐」，而開封「武成王廟前海州張家、皇建院前鄭家，每家有五十餘爐」，其經營規模空前擴大。當時在京城的街巷，酒樓、食店、飯館、茶肆比比皆是，小食攤蜂攢蟻聚，出現了歷史上空前的繁榮景象。此時餐館業的興盛，已成為城市繁榮的象徵。

北宋著名宮廷畫家張擇端的《清明上河圖》，以汴河為構圖中心，描繪出北宋京城汴梁都市生活的一角，為我們提供和展示了宋代飲食文化的形象史料，使我們清楚地看到當時的飲食業是如何的發達興旺。都城食市的發展，使得講究飲食之風波及朝野上下，當時的庖廚與民間的嫁娶喪葬、酒食遊飲、節日尚食緊緊相連，從而使烹飪技藝在民間廣為傳播，為以後中國都市烹飪的進一步發展和普及打下了社會基礎。

進入明清時期，以大中型都市為中心，社會上對飲食菜品的各種不同的需要相對集中，促使烹飪技術迅速發展。有關烹飪史料説明了這一點。如清代京城北京的飲食烹飪，彙集了全國肴饌的精品。乾隆二十三年，潘榮陛所寫的《帝京歲時紀勝》説：「帝京品物，擅天下以無雙」，「至若飲食佳品，五味神盡在都門……京肴北炒，仙祿居百味爭誇；蘇膾南羹，玉山館三鮮占美。清平居中冷淘麵，座列冠裳；太和樓上一窩絲，門填車馬。聚蘭齋之糖點，糕點桂蕊，分自松江；土地廟之香酥，餅泛鵝油，傳來涮水。佳醅美釀，中山居雪煮冬涑；極品茶芽，正源號雨前春岕。……關外秦鰉長似鯨，塞邊　鹿大於牛。熊掌駝峰，麋尾酪酥槌乳餅；野貓山雉，地狸蝦醢雜風羊……」這一時期，都市飲食市場繁花似錦，高、中、低檔飯店、食攤都有各自的食客，其菜品之多，為中國各種類別菜之最，為都市烹飪的發展開闢了廣闊的道路。

二、都市菜品的特性

（一）都市菜品的包容性

都市菜品的風格特徵是：它把一個地區乃至全國的各種主副食產品、烹調或製作技藝及工具、飲食風味、飲食習俗等，集中於一城乃至一店，形成具有不同幫派的菜系、不同風味的糕點、小吃及其他熟食、作料等，又向各地傳播，進而形成既有共同主色調，又有不同地方特色的都市飲食文化。

都市菜品是各地方菜的結合體。在古代，它是宮廷菜、官府菜孕育的場所，為商賈菜提供了肥沃的土壤，為民族菜提供了有利的市場。而現在，它為仿古

菜、特色菜、外來菜、養生菜、創新菜創造了有利條件。因為這裡有一大批技術超群的廚師隊伍。

（二）都市菜品的對流性

都市是一個交通、文化、科技等較發達的地區，它訊息量大，接受能力較強，由此，就總體上說，都市菜品在地區乃至全國具有帶頭作用、示範作用。

其實，菜品的製作與發展、變易並不只是由城市到鄉村的單向變易，而具有對流性質。但在這種對流中，由於城市是政治、經濟、文化的中心，具有極大的優勢。「四方」農村的鄉土菜品，會流向城市，城市又對「四方」鄉村的飲食風俗以自己的政治、經濟和文化優勢予以會聚、變易，再向「四方」傳播。

同樣，都市菜品的製作和風味，也並不只是城與鄉之間的變易，也包括都市與都市之間的互相影響，中心城市與地域城市之間的互相影響。但是，都市與都市之間的互相影響，從根本上說，仍然是城市與鄉村之間的相互影響。因為每一座城市的飲食風尚、口味嗜好的特徵，從根本上說，是這個城市所在地區（城市文化輻射圈）的代表。

都市菜品的變化潮流此起彼伏，內容廣泛，但主要受都市人的生活方式和思維觀念兩個方面的影響。這兩個方面，是互相影響、互相作用的，生活方式的變化會推動思想觀念的變化，思想觀念的變化也會促進生活方式的變化。同時，兩者也互相制約，思想觀念會制約生活方式，生活方式又會制約思想觀念。都市菜品的發展與變化、更新，是透過人們的思想觀念和生活方式而逐漸改變的。

三、都市菜品的吸納與特色

鄉村菜是中國烹飪的根。都市菜品在汲取鄉村菜精華的同時，不斷與都市人的思想理念、生活方式保持一致，以滿足都市人的飲食要求。

（一）都市菜品離不開鄉村菜

這是一個毋庸置疑的事實。都市人的一日三餐所需的食物原料，大都是廣大鄉村提供的，瓜果蔬菜、禽畜肉類、水產魚蝦、糧食油料等等都是來源於各地鄉村，許多簡易的食品加工也是從鄉村開始的，不少原始調味品也都來源於鄉野農村。北魏時期的重要歷史文獻《齊民要術》，是中國著名的古代農書，我們透過這本農書有關食物原料、食品、烹飪的記載，可以很直觀地瞭解當時鄉村飲食菜品種類之豐富。隨著都市的不斷繁榮，鄉村的食料、食品加工方法、菜品製作流入到都市，並在都市得到了發展和利用。

（二）都市菜品是鄉村菜的昇華

都市是經濟發達、人文彙集之所，在餐飲業擁有一大批技術較強的烹飪隊伍。一旦當鄉村菜被都市的廚師所吸收，他們定會在烹飪工藝上、色香味形上、器具與裝飾手法上發生一些新的變化，使其更加精緻和可口。如《紅樓夢》中記載賈府的菜品「茄鮝」，加工精細、配料多樣、工序複雜，與劉姥姥鄉村的「茄肴」是有很大差別的。都市菜品常將雞、鴨整料脫骨，填入八寶餡心，要求皮不破、形完整，也是鄉村菜裡燒、煮、蒸、燉所難以達到的。都市菜在餐具的選用上、服務的規格上都達到精益求精的地步，這與都市中工、商、貿等的顧客需求和接待要求是分不開的。

（三）都市菜品的融會與吸收

都市菜品的一個顯著特徵，還表現在各地民族之間、中國和外國之間包括風味特色在內的文化交流上。就各地民族之間來說，漢民族的菜品特點，就是在不斷吸收各地民族的飲食文化成分的過程中逐漸豐富和演變的。這種吸收的表現形式是多方面的，有城市之間不同民族的影響，也有在鄉村中的直接交往影響。

而今，隨著都市生活的繁鬧喧雜，都市人嚮往著回歸大自然，出現了返璞歸真的飲食潮流，都市菜品打破原有框框，大量借用、引用鄉村風味，推崇綠色食品，開設一個個「鄉村風味館」，出現了「都市菜品鄉村化」的另一種風格特色。

（四）都市菜品的風格特色

（1）重視規格、質量，迎合場景，講究品位，是都市菜品的一大特色。在菜品製作中，講究原料的搭配和烹調方法的變化運用，在菜品的外觀和質感上，

注重色、香、味、形以及器皿的選用。

（2）彙集多種烹調技法，根據賓客的口味和季節的特點注重變化是都市菜品又一大特色。都市菜品種類繁多可以充分滿足不同國度、不同地域、不同階層、不同情況下的飲宴需求。

（3）善於吸取，銳意創新，在技術上精益求精是都市菜品的第三大特色。都市菜品靈活多變，新品迭出，以滿足人們不斷變化的進食需求。

（4）在菜品經營上，流派眾多，展現多種風味特色，並以名師、名料、名品和禮儀服務作為競爭手段，重視餐飲場所氣氛的渲染，強調餐飲經營的社會效益和經濟效益。

四、都市菜品的再認識

都市菜品彙集了全國各地饌肴的精品，它與鄉村菜品相比較是一個大而全的風味體系。從某種意義上說，鄉村菜品在保持傳統特色的基礎上，不斷吸收都市菜的優勢，品質在逐漸提高，而都市菜品（撇開風味小吃）在互相借鑑、吸收中卻漸漸沖淡和掩蓋了地方特色，從北京到南京，從上海到廣州，從成都到拉薩，從昆明到哈爾濱，走進中高檔的餐飲場所都不難發現相似的面孔，菜餚的色、形、味和裝盤幾乎沒有太大的差別；基圍蝦、烤鴨、佛跳牆、松鼠魚、炸乳鴿、烹蛇段、蔥薑膏蟹等隨處都有，都市菜品已形成「飲食潮流全國通，爆、焗、烤燉各地行」的大趨勢。

（一）菜品風味多樣和烹飪風格的逐漸匯合

都市是五方雜處之地，加之中外交往機會多，因此只有具備各種不同的風味特色才能適應不同的人群。外國風味、地方風味、民族風味在保持各自特色的情況下，也在淘汰一些人們不喜歡的菜品，各地、各店都在實行一種交合。這種自覺與不自覺的交合趨向，最終導致都市之間、店與店之間的相近與統一，都市食肆中的中外菜式風味多樣，將會出現「國際化的食部」；各餐式烹飪風格的會聚，又將會減弱都市地區性的風味特色。

（二）食物原料的廣泛使用打破地域的界限

近二十年來，中國交通業發展迅猛。航空、高速列車和高速公路把都市之間的距離拉近，整個世界成了一個地球村。在飲食方面表現尤為突出。過去在本地小範圍內使用的原料，一下子走遍全國，逐漸成為大家共享的資源。各種海鮮坐上飛機，一兩個小時後可到另一都市的餐桌上。特色的山菌名蔬也成為外地人常用的佳品。這不僅豐富了都市菜品的菜單，也為各地的烹飪發展奠定了堅實的基礎。在調料使用上，如今的都市人不拘一格，南方人用的，北方人照常使用，外國人用的，我們也要嘗試。西方人用蝸牛、象拔蚌、皇帝蟹、黃油、沙拉醬、香草等，中餐也不偏忌。占有了各式原料，都市菜品就將衝出地區，走向世界。

第二節 崇尚自然的鄉村菜品

鄉村菜，是指廣大農村所製作的具有鄉土風味的菜品。它根植於各民族、各地方的鄉野民間。鄉村菜具有獨特的地區性，它是地方菜的源泉，是在一定區域內利用本地所特有的物產，製作成具有鮮明鄉野特點的民間菜。從地域空間而論，鄉村文化是一種與都市文化相對應的獨特文化，因此，鄉村菜品也具有與都市菜品不同的特色。

鄉野菜品分布在全國各地的村落。如果說，都市菜品是一種都市飲食文化的表現形式，那麼，鄉村菜品就是一種與之相對應的郊外飲食文化，它與都市飲食文化在中國文化中處於同一層次，卻居於不同的地域空間，扮演著不同的角色。

鄉村菜品是鄉村居民所創造的物質財富和精神財富的一種文化表現，它包括各類穀物及其加工製品、主食品以及飲料、食具等，也包括各種飲食禮俗、菜品文化的表現形式等內容。

鄉村菜品的最大特色是：樸實無華，就地取材，不過於修飾，具有鄉土味，在樸實中蘊藏著豐厚。

一、鄉村菜品的地位與風格

中國數千年以農業為主的文化史，決定了鄉村飲食文化在整個中國飲食文化中所占的重要地位，形成了中國鄉村菜品所特有的風格特色。

（一）中國菜品之根

中國菜品的產生，來源於鄉野菜品的滋養。居於鄉村菜品之上的官府菜品、繁勝於鄉村菜品的市井菜品，都是鄉村菜品發展到一定階段才出現的歷史現象，都保留著鄉村菜品的印記。可以這樣說，鄉村菜品乃是其他層次菜品包括宮廷菜品、官府菜品、市肆菜品的母體。鄉村菜是各地方菜的根基，中國烹飪中千變萬化的菜品，都是從這裡發源而經廚師之手精心加工、發揚光大、不斷成熟的。

幾千年來，中國始終是一個以農業為基礎的國家，鄉村菜品的發展，直接影響著中國其他菜品的發展。鄉村菜品雖然沒有宮廷菜品、市肆菜品做工精細，但是它以其食用人口眾多、涵蓋面廣的優勢，對其他菜品包括宮廷菜品、都市菜品都有其不可抗拒的影響作用。

麵條是歷史久遠的傳統食品，麵條的製作起源於鄉村，而今分布在全國各地的煮麵、蒸麵、滷麵、燴麵、炒麵、麻醬麵、擔擔麵、炸醬麵、刀削麵、拉麵、過橋麵、河漏麵等等，都是從鄉村各地產生發展起來的。烙餅、煎餅、饅頭、春餅、餃子、貓耳朵、撥魚條等傳統食品，也都是從鄉村大地走上全國各地的餐桌的。

（二）鄉村菜品的風格特色

中國是一個多民族的國家，幅員遼闊，許多鄉村地區崇山大川縱橫交錯，自古交通不便。一山相隔，有方言之殊；一水相望，有習俗之異。這就造成了雖然同屬鄉村菜品，各地風格卻有很大不同的狀況，從原料的特性、加工處理、烹調方法到菜餚的風味，呈現著明顯的地域差異性。

其次，鄉村菜品具有明顯的地域性和民族性。各地區、各民族的鄉村菜品，都以本地區所生產的經濟作物為原料。因此，「靠山吃山，靠水吃水」，「就地取材，就地施烹」，成為鄉村飲食文化的主要特色。鄉村菜晨取午烹，夕採晚調，取材極便，鮮美異常。

第三，不同的地理環境、物產資源和氣候條件，形成不同的飲食習俗，使菜品文化具有突出的地域特點。即使社會的發展變化，也難以改變鄉村這種特有的地域風貌特色。

二、樸實清新的恬淡之味

鄉村菜品具有質樸清新的鄉土氣息，這是其他菜品不可比擬的。而取之自然、不加雕琢的製作方法，又使得菜品充分保存了其鮮美本味和營養價值。

（一）淳樸鄉村味的魅力

鄉村恬淡之味常常激發起人們的無限情思，調動人們的飲食情趣。古今食譜中多見記載，文人著作也常有描述。陸游《蔬食戲書》中寫道：「貴珍詎敢雜常饌，桂炊薏米圓比珠。還吳此味那復有，日飯脫粟焚枯魚。」楊萬里在《臘肉贊》中曾寫道：「君家豬紅臘前作，是時雪後吳山腳。公子彭生（即螃蟹）初解縛，糟丘挽上凌煙閣。卻將一臠配兩螯，世間真有揚州鶴。」鄭板橋在《筍竹》中記曰：「江南鮮筍趁鰣魚，爛煮春風三月初」，「筍菜沿江二月新，家家廚爨剝春筠」等。

鄉村風味不僅吸引中國國內客人，對於外國人也頗具吸引力。1986年2月4日《人民日報》載，河北省首次舉辦國際經濟技術合作洽談會，在「河北賓館」宴請外賓，宴席中包括這樣幾道菜品：烤白薯、老玉米、煮毛豆、鹹驢肉等，外賓品嘗後一致稱讚。正是這種鄉村風味菜品的獨特風味，贏得了好評。

鄉村菜根據各地的現有條件，重視原料的綜合利用，儘管加工簡易，風味樸實，但在不同地域、場所、季節中都能展現不同的特色。它既不尋覓珍稀，又不追美逐奇，處處顯得恬淡自然。

（二）充滿活力的鄉村農家味

鄉村田園菜，質樸無華，卻蘊藏著誘人的真味。淡淡的自然情調，濃濃的鄉土氣息，在鄉野農村俯拾皆是。田埂上採來山芋藤或南瓜藤，去莖皮，用鹽略醃，配上紅椒等配料，下鍋煸炒至熟即是下酒的美肴；去竹地裡挖上鮮嫩小山筍，加工洗淨後切段，與醃菜末烹炒或燴燒，其山野清香風味濃郁，且鮮嫩異常；捉來山溪水中的螃蟹，用鹽水浸了，下油鍋炸酥，呈黃紅色，山蟹體積小，肉肥，蓋殼柔軟，入口香脆，是上等的山珍美味；把鮮亮的蠶蛹，淘洗乾淨之後，放油鍋內烹炒，澆上雞蛋液，加鮮嫩的韭菜，攪拌炒成，上盤後相當鮮美；把煮熟的羊肉的各個部位切成小塊放原汁肉湯裡，加蔥絲、薑末，滾幾個開鍋，再加香菜、米醋、胡椒粉，攪拌均勻，舀進碗裡，邊吃肉邊喝湯，酸、辣、麻、香諸味皆有，妙不可言。

在全國各地農村，還湧現出一大批傳統鄉土席，如豆腐全席、三筍席、玉蘭宴、全藕席、全菱席、白菜席、菠菜席、海帶席、番薯小席、茄子扁豆席等等。在長期的歷史發展中，各個民族也創造出本民族的鄉村食品，有著本民族的製作風格、飲食習俗和飲食方法。如蒙古族的炒米、滿族的餑餑、朝鮮族的打糕、維吾爾族的抓飯、傣族的竹筒米飯、壯族的花糯米飯、布依族的二合飯等等，這些豐富多彩的地方、民族鄉土風味食品，呈現出各地方、各民族獨特的飲食文化。

第三節 世代沿襲的民族菜品

中國是一個多民族的國家，在中華民族這個大家庭中，各地民族創造了包括飲食文明在內的光輝燦爛的中華文化。在歷史上，由於中國各民族所處的社會歷史發展階段不同，居住在不同的地區，形成了風格各異的飲食習俗。根據各民族的生產生活狀況、食物來源及食物結構，從歷史發展來看，可大致劃分為採集、漁獵型飲食文化，遊牧、畜牧型飲食文化，農耕型飲食文化等類型。

以牧業為主的民族，習慣於吃牛、羊肉，喝奶類和磚茶；以農業為主的民族，南方習慣於吃米，北方習慣於吃麵食及青稞、玉米、蕎麥、馬鈴薯等雜糧。氣候寒冷地區的民族愛吃蔥、蒜；氣候潮濕、多霧氣的川、雲、貴等地的民族，偏愛酸辣。各民族所留下的寶貴的飲食文化遺產，有些完整地保留了下來，有些進行了改良。另一方面，隨著各民族人口的移動或遷徙，民族之間的飲食文化也相互地影響與交流。事實上，人們的飲食生活是動態的，飲食文化是流動的，各民族之間的飲食文化一直處於內部和外部多元、多渠道、多層面的持續不斷的滲透、吸收、流變之中。

各民族均有獨特的知名食品。中國的少數民族大都散居在邊遠的大漠、林原、水鄉或山寨。他們千方百計開闢食源，食料選用各有特點，烹調技藝各擅其長，炊具食器奇特簡便，民風食俗別具一格。民族菜風味濃郁，選料、調製自成一格，菜品奇異豐滿，宴客質樸真誠。

一、民族飲食文化形成的原因

不同民族之間的飲食差異是由多方面因素形成的。其中，地理、氣候等自然條件是決定各民族飲食、烹飪特色的最主要因素。

首先是自然環境影響食物的種類，中國北方自古以來以種植粟和一些雜糧為主；南方以種植稻為主；草原遊牧民族的肉食和海邊捕魚民族的肉食不同，這些都是自然環境使然。其次是由此而來的飲食方式和習慣。生產力水準越低，這種限制和影響越明顯。

自然環境對飲食的影響還表現在製作和烹調方法的不同。青藏高原海拔高，氣壓低，水的沸點低，煮東西熟的程度不及正常氣壓下的透熟，這也就是藏族等民族多喜歡焙炒青稞碾為粉末做糌粑為食的主要原因之一。藏族如果不是居住在青藏高原，那麼其飲食可能是另外一種樣子。

南方眾多少數民族中很少有狩獵經濟占較大比重的。而北方民族尤其是東北的許多民族，因為身處氣候寒冷、無霜期短的自然環境中，單純從事農業無法保證必要的食物來源，因此漁獵和畜牧所占的經濟成分比重較大，肉食占主要地位。

地處北方的畜牧業比較發達的蒙古族和哈薩克等民族，他們「吃肉喝奶」的飲食習慣自古流行。除此之外，飲用奶食的民族還有北方十多個民族。

而在南方的許多民族多以稻米為主食，尤其是壯侗語民族和苗瑤語民族。南方農耕民族普遍種植稻穀，糯稻成了當地許多民族不可缺少的主食，糯米飯、年糕是他們的日常食品。有的民族還保留著一種「當炊始舂」的飲食觀念，即不吃隔宿糧。

二、民族飲食的雙向交流

在民族飲食文化的交流上，早在漢代就有胡人到內地從事餐飲業。漢代張騫出使西域，為各民族間的經濟文化交流創造了有利條件。西域的苜蓿、葡萄、石榴、核桃、蠶豆、黃瓜、芝麻、蔥、蒜、香菜（芫荽）、胡蘿蔔等特產，以及大宛、龜茲的葡萄酒，先後傳入內地。魏晉南北朝時，出現了中國歷史上第二次民族大融合的盛況，在這一時期，一方面，北方遊牧民族的甜乳、酸乳、乾酪、漉酪和酥等食品及烹調術相繼傳入中原；另一方面，漢族的精美肴饌和烹調術，也為各地民族引進。北魏《齊民要術》中談到了許多少數民族的飲食品。從書中看，飲食的南北交流、漢族與北方少數民族之間的交流也很普遍。書中記載了一些原來只有少數民族常用的食物及其烹調方法和配料。這些食物原料和配料許多是漢代從西域引進來的，如胡麻、蒜、蘭香、葡萄等。

隋唐時期，漢族和邊疆各地民族的飲食交流，在前代的基礎上又有了新發展。唐太宗時，地處絲綢之路要衝的高昌國的馬乳葡萄，不僅在皇家苑囿中種植，並用它按高昌法釀製葡萄酒，其酒色綠芳香，在國都長安深受歡迎。「葡萄美酒夜光杯，欲飲琵琶馬上催」（王翰《涼州詞》）的著名詩句，表達了唐人對高昌美酒的讚美之情。而漢族地區的茶葉、餃子和麻花等各式美點也透過絲綢之路傳入高昌。1972年在吐魯番唐墓中出土的餃子和各樣小點心，是唐代高昌與內地飲食交流的生動例證。

宋、遼、西夏、金，是中國歷史上又一次民族大融合時期。北宋與契丹族的遼國、党項羌族的西夏，南宋與女真族的金國，都有飲食文化往來。如遼代契丹人吸收漢族飲食的同時，也向漢族輸出自己的飲食文化。契丹人建國初期以肉食為主、糧食為輔，中期以後糧食在主食中所占的比重加大。同時契丹人的奶食影響了漢族，尤其是進入北宋都城，發展為「酪麵」；羊肉進入漢族社會之後發展為煎羊白腸、批切羊頭、湯骨頭、乳炊羊等花樣種類。西夏是中國西北地區党項人建立的一個多民族的王國。西元1044年與北宋和約後，在漢族影響下，西夏的飲食逐漸豐富多樣化。其肉食品和乳製品，有肉、乳、乳渣、酪、脂、酥油茶；麵食則為湯、花餅、乾餅、肉餅等。其中花餅、乾餅是從漢區傳入的古老食品。

元代蒙古族入主中原，帶來了北方遊牧民族的飲食原料、飲食品、製作方法等。蒙古族的祖先原在黑龍江上游額爾古納河流域過著遊牧生活，至成吉思汗時，蒙古地區的農業逐漸產生，臨近漢族地區的汪古部及弘吉剌部已「能種秫穄」，「食其粳稻」。元代太醫忽思慧撰寫的《飲膳正要》中的許多民族菜品流入民間，對漢族的影響頗大。在此期間，中原沿海漢族地區先進的烹調術傳到了少數民族地區，少數民族特有的食湯和菜餚也傳到了內地。

明代，漢族和女真、回回、畏兀兒等各地民族的飲食交流空前活躍。這可從劉伯溫所著的《多能鄙事》一書中看出來。書中蒐集了唐、宋、元以來各民族的食譜，如漢族的鍋燒肉、糟蟹等；北方遊牧民族的乾酪、乳餅等乳製品；女真的蒸羊眉突、柿糕；回回人的哈爾尾、設克兒匹剌、卷煎餅、糕糜等。各地民族的食品傳入漢族地區以後，有不少為漢族人民所喜愛。例如，明代北京的節令食品中，正月的冷片羊肉、乳餅、奶皮、乳窩卷、炙羊肉、羊雙腸、渾酒，均是各地民族的風味菜餚加以漢化烹製而成的。

清朝建立以後，漢族佳餚美點滿族化、回族化，滿、蒙、回等各地民族食品漢族化，是各民族飲食交流的一個特點。影響深遠的滿漢全席形成於清代中葉，吸取了滿、漢以及蒙、回、藏等民族的飲食精華。由於它產生於官府，因而肴饌繁多精美、場面豪華、禮儀講究。席中的熊掌、飛龍、猴頭、人參、鹿尾、鹿筋等是東北滿族故土的特產。在《隨園食單》中記有許多民族菜點，談到了滿族人的「燒小豬」，類似今日的烤乳豬；有全羊席，也有鹿尾、鹿筋、鹿肉等菜。《調鼎集》中記載的民族食品更是琳瑯滿目，並分別敘述了鹿、鹿筋、酪、羊、羊頭、羊腦、羊眼、羊舌、羊耳及羊各部內臟菜品，還專門有「西人麵食」一節，記載中國西北地區人民的各種麵食，可謂蔚為大觀。在清末到民國時期，許多漢族人到雲南少數民族地區從事飲食貿易，如釀製蒸餾酒、做豆腐等。

飲食文化的交流帶動了貿易和生產。有些農作物的傳播穿越了許多民族地區，甚至漂洋過海。飲食文化的交流在很多情況下是奇異的調味植物和大宗主食植物的傳播，前者如胡椒、大蒜等，後者如玉米、番薯、馬鈴薯等。

三、民族菜品的引用與嫁接

在現代飯店菜品製作中，不少創新菜體現在民族菜品的嫁接上，如「香脆鮮貝串」就是一款民族風味的改良組合菜。它吸取了新疆羊肉串的製作之法，改羊肉為鮮貝，變烤為炸，因鮮貝是鮮嫩味美之品，直接油炸會影響其鮮嫩和口感，故而取廣東的脆皮糊，將脆皮鮮貝串後再炸，其色澤金黃、香脆鮮嫩，像一串串的糖葫蘆，色、形誘人。

把民族的特色風味引進酒店，是菜品出新的一個重要方面。如借鑑源自於塞外大漠的蒙古族烤肉，可在食品櫃台上擺放蒙古人愛吃的羊肉片、牛肉片、豬肉片和雞肉片，供客人隨心所欲自行挑選；然後，再隨意搭配芹菜、芫荽等蔬菜，調上近似蒙古人口味的特製醬汁；最後把這些菜、肉交廚師烤製，以突出獨特的風味特色。根據內蒙古菜餚手抓羊、羊錘而引進製作的「香炸羊錘」，是一款香味撲鼻的美味菜品。如今，此菜已在全國許多城市的大賓館的宴會上出現。此菜取料獨特，許多飯店都是從內蒙古直接進貨，以保證羊肉的口感和風味。將小羊錘醃漬入味，入高溫油鍋炸至酥鬆，撈出瀝油，撒上孜然粉等調料，手抓食之，羊肉酥，肉質嫩，香味濃，口感誘人，極具民族特色。

地處中國西南邊陲的雲南省，是中國眾多民族聚集的地方。此地山高水長，林茂竹修，山林多野味，不提名目繁多的野生動物，單説聞名天下的雞肉絲菇、松茸等菌類，以及蕨菜、山藥、竹筍、竹笙等就可以做出多種野味。近年來，雲南紅土地的山珍——野生菌，成為各大酒店的特色菜品，配菜、煲湯都為菜中上品。麗江和中甸是雲南松茸的主要產地，納西族創製的「釀松茸」和藏族創製的「油松茸」，便是兩道高原名饌，成為中國各酒店的仿效之品。

雲南居住在亞熱帶山林、河谷的少數民族極喜吃酸，因酸能和胃、解乏、祛暑氣，使人心暢眼亮。其中，苗家調製的酸湯，是一種民間調味品，用冬青菜、馬蹄菜、嫩玉米心、米湯、清水混合入缸滙製，在常溫下發酵24小時即成。淮出湯液，用以煮鮮活的鯽魚，酸味醇正，湯汁乳白，魚肉特別鮮嫩。酸菜蒸鯽魚，用酸醃菜做底料，將鯽魚剖洗乾淨置於其上，澆以雜骨湯少許，上籠蒸30分鐘即可。魚肉鹹鮮滋嫩、酸甜爽口。

在中國的西南地區，傣家的竹樓都依竹、依樹、依水而造，在他們的寨子裡，四周竹林環繞，遠眺傣家村寨，彷彿生活在一片青山綠水之間。他們取用當地的香竹，按竹節砍斷，再把米裝進竹節裡，距筒口約10公分，然後將水裝滿，待米泡上一段時間後，便用洗淨的竹葉把筒塞緊，再放火上燒烤。竹筒表層被燒焦的時候，竹筒米飯也就做熟了。這一具有民族特色的食品，現在被許多地方飯店引用。特別是利用竹筒、竹節盛裝菜品已在全國十分盛行，這種民族盛具的運用，取得了很好的食用與觀賞效果。

有些飯店推出西雙版納傣族食品「香茅草烤魚」，以特有的香茅草纏繞鮮魚，配以滇味作料，燒烤而成，外酥裡嫩；竹筒、土壇、椰子、氣鍋等，都能展現出地道的雲南少數民族的鄉土風味。傣族的另一道傳統菜品「葉包蒸雞」，肉嫩鮮美，香辣可口。將全雞洗淨用刀背輕捶，然後放上蔥、芫荽、野花椒、鹽等作料，醃製半小時，再利用芭蕉葉包裹，放到木甑裡蒸熟。此蕉葉、粽葉包製之法，在南方地區應用十分廣泛。

如今西藏的蟲草、藏紅花成了全國餐飲行業十分看好的原料，許多大小飯店、餐館紛紛推出蟲草菜、紅花汁製作的菜品，如蟲草燉鴨、蟲草燜鴨、紅花鳳脯、紅花鮑脯等菜。蟲草具有補肺益腎的功能，藏紅花有安神、調血壓等功能，是滋補身體的優良食物原料。西藏傳統菜「拉薩馬鈴薯球」，是以馬鈴薯泥為主，稍加麵粉、青稞粉用水調成麵糰，另外用犛牛肉、冬菇、冬筍一起炒製成三鮮餡，然後用麵坯包餡製成橢圓形球，入油鍋炸至外酥內香。目前，有些地區利用西藏的青稞原料製作菜品，如青稞炒雞丁、青稞蔬菜湯、棗泥青稞餅等，都別具風味。

火鍋的發明是對飲食烹飪的一大貢獻。從邊爐火鍋到雙味火鍋再到各客火鍋，不僅擴展了火鍋的內涵和食用的方法，而且給企業增加了新的服務項目。當火鍋不斷影響中國餐飲市場的時候，許多新的品牌逐漸興起。如內蒙古的小肥羊、小尾羊等品牌正是利用火鍋的特點而不斷地發展起來的。應該說，民族之間的交流無所不在。

第四節 氣息濃郁的風味小吃

中國各地的風味小吃燦若繁星，五彩斑斕，那蘊涵其中的濃郁的鄉土韻味，那古色古香的格調，那美麗的傳說，那市井的、鄉村的傳奇故事，無處不在散發著古老民族的淳厚的生活氣息。

一、根深葉茂，潤澤天下

中國風味小吃根深葉茂，見諸文字記載的小吃品種，可以上溯到距今三千年左右。

在中國早期先秦古籍中，已能隱約看到有關小吃的記載。古代陶製炊具和青銅炊具的相繼問世，為中國小吃製作開闢了廣闊的道路。《周禮・天官・籩人》中所記的餌、為一種餅，也有人認為是一種類似糕的小吃。《楚辭・招魂》中則記有加蜜的甜食小吃。

漢代是中國小吃早期發展階段。農作物的普遍種植，肉食品種的廣泛應用，飲食市場已是「熟食遍列」，粉、麵食品也開始形成體系，崔寔的《四民月令》中，記載的農家小吃，有蒸餅、煮餅、水溲餅、酒溲餅等。在副食小吃方面的著名品種有：爛煮羔羊、醃羊醬雞、白切狗肉、煎魚切肝、燒雁羹、馬奶子酒、甜味豆漿、甜瓠子等，真是主副雜陳，應有盡有。

唐代長安、北宋汴京、南宋臨安、元大都均有許多小吃店，並且已很有規模。小吃經營者有行坊、店肆、攤販，也有推車、肩挑叫賣的沿街兜售小販；還有售某種食物的專賣小吃店。這些小吃店鋪，大都會裡有，中小城市裡也有。宋代小吃店鋪甚多，品種數以百計，令人眼花繚亂。

唐宋小吃業的繁榮還表現在不同營業時間的品種變化上，如，據《東京夢華錄》載：「早間賣煎二陳湯，飯了提瓶點茶，飯前為賣饊子、小蒸糕，日午賣糖粥、燒餅、炙焦饅頭。」吳自牧在《夢粱錄》中描寫宋代經營小吃的盛況時寫道：「每日交四更，諸山寺觀已鳴鐘……御街鋪店聞鐘而起，賣早市點心，如煎白腸、羊鵝事件、糕、粥、血臟羹、羊血粉羹之類……有賣燒餅、蒸餅、餈糕、雪糕等點心者，以趕早市直至飯前方罷。」僅早點小吃就有如此繁多的品種，其時全貌可見一斑。

元明清時期是中國小吃發展成熟時期，這時期少數民族與漢族小吃相互交融，製作技術不斷豐富和提高，小吃新品種不斷湧現。據明朝萬曆年間黃正一輯《事物紺珠》記載，當時有不少民族小吃食饌，都是很精美的佳味。如回族小吃有「設克兒匹刺」（蜜麵為皮、胡核肉為餡的麵餅）、「卷煎餅」（百果做餡的油炸食品）、「糕糜」（煮爛羊頭皮肉加米粉及蜜製成）；女真族食品有「栗糕」、「柿糕」等；蒙古族食品有「不朵」（蒙古粥食）、「兀都麻」（燒餅）、「羅撒」（湯麵）、「口涅」（饅頭）等等。富有特色的小吃還有朝鮮族的打糕、滿族的薩其馬、回族的饊子和羊肉餃、蒙古族的肉餅、藏族的糌粑、壯族的荷葉包飯、維吾爾族的　、白族的米線等。

二、主副兼備，雅俗共賞

中國各地風味獨特、品種繁多的小吃扎根民間，素以選料嚴謹、製作精細、造型講究、味別多變和注重色、香、味、形的配合著稱，其品乾稀皆有、葷素兼備、料味俱佳、風味各異，深受廣大人民群眾喜愛。

小吃，按習俗一般多用於早點、茶食、夜宵與宴席的配餐，也可作正餐，它的某些品種還是佐酒佳餚。在小吃製作中，以宴席小吃的要求最高。宴席小吃講究味形精美，粗料細作，注重美食美色。大眾化小吃，品種繁多，口味鮮香，一般以蒸製式、水煮式、煎貼式、焙烙式、燴燜式、烘烤式、炒爆式、炸　式、凝凍式較多。蒸製式小吃，多用不同的麵糰和餡心製成，還有一些糕、卷之類，如南翔饅頭、灌湯包、蠔油叉燒包、整米切糕、蜂糖糕、金銀臘腸卷、葉兒粑等等。熬煮式小吃，如八寶蓮子粥、豆汁、刀削麵、桂花糖芋艿、貓耳朵、湯圓、臊子麵等等。燴燜式小吃，如羊肉泡饃、燜伊府麵、燴扁食、米粉羊肉湯、沙罐煨麵等等。焙烙類小吃，如糖火燒、麻醬燒餅、燻肉大餅、棗泥鍋餅、棗鍋盔等等。烘烤式小吃，以白皮或酥皮較多，如蘿蔔絲餅、叉燒酥、缸爐椒鹽餅、雞仔餅、蝦肉月餅等等。煎貼式小吃，如山東煎餅、雞蛋煎餅　子、韭菜烙盒、鍋貼、蠔仔煎等等。炒爆類小吃，如炒疙瘩、油炒麵、三合泥、蝦爆鱔麵、甜肉糕等等。炸氽類小吃，如焦圈、脆麻花、黃米麵炸糕、油條、春捲、玫瑰鍋炸等等。凝凍式小吃，如豌豆黃、水晶糕、馬蹄糕、涼粉、涼凍菠蘿酪、杏仁豆腐等等。

中國小吃應時應節，不同的時令有不同的小吃品種。中國小吃的這一特點，古代已有體現。據明代劉若愚的《酌中志》載，那時人們正月吃年糕、元宵、雙羊腸、棗泥卷；二月吃黍麵棗糕、煎餅；三月吃糯米麵涼餅；五月吃粽子；十月吃奶皮、酥糖；十一月吃羊肉包、扁食、餛飩……應時應典、當令宜時的特點十分鮮明。廚師們根據地方風俗習慣和季節的更替，採用時令新鮮蔬菜和葷食，配上不同的原料，製成各式時令小吃。在煙花三月、鳥語花香的春季，春捲、韭菜餅、青團是人們喜愛的食品；盛夏酷暑，馬蹄糕、綠豆糕、西瓜凍、水果凍之類的清涼小吃，助人消暑解渴；秋季天氣轉涼，正值蟹肥菊黃、蓮藕入市，人們便採藕製餅，取蟹製包；冬季氣候寒冷，人們吃些熱氣騰騰而又能有滋補作用的小食品，故有八寶甜糯飯、冰糖銀耳、五香牛肉湯、沙鍋粉絲等。還有許多小吃是應節令而生的，如正月的元宵、清明的青團、端午的粽子、中秋的月餅、重陽的花糕、春節的年糕等。中國小吃是中國人民創造的物質和文化財富。從文化角度講，它們寓情於吃，使人們的飲食生活洋溢著健康向上的情趣。

第五節 歷史傳承的特色菜品

一、宮廷菜

宮廷菜是指中國曆代封建帝王、皇（王）后、皇（王）妃等用膳的菜餚。宮廷中有專司皇室飲食的御膳機構，皇帝吃飯叫進膳，開飯叫傳膳，負責烹調的廚師叫御廚。身居皇宮中的帝王，不僅在政治上擁有至高無上的權力，在飲食上也享受著人間最珍貴最精美的膳食。御廚利用王室的優越條件，取精用宏，精烹細做，使宮廷菜具有了傳奇和神祕的色彩。

（一）宮廷菜的歷史傳承

自商周始至清朝末，歷代宮廷中都設有專司飲食的機構。商周時設置「膳夫」，有天官管理皇宮中的飲食；秦代設少府，有太官主管膳食，湯官主管餅餌，導管主管擇米，庖人主管宰割。以後廚房的烹飪生產官職分工更加明確精細：漢代設尚食，有大官負責宮廷飲食；隋朝設祠部，初由侍郎掌管，煬帝時有直長；唐代設膳部、司膳等，由郎中、膳大夫等管理皇宮膳食；南宋有光祿寺；明代設尚食局，有宦官掌管飲膳；明清兩代由光祿寺負責賜宴，清代宮中飲膳，設御膳房負責皇上膳事，下設葷局、素局、飯局、點心局、包哈局（掛爐局）。

有關歷代宮廷菜餚的記載頗多。呂不韋編撰的《呂氏春秋・本味篇》收載了商湯時宮廷中的天下美食和烹飪技藝的原則及菜餚質量要求。《周禮》中記述了宮廷司膳的分工。《禮記》中的內則、曲禮諸篇，比較具體地記載了宮廷美味和烹飪製作原理，如周代著名的「八珍」美饌。屈原《楚辭・招魂》中的食單，洋洋灑灑，菜品眾多。隋朝謝諷的《食經》、唐代韋巨原的《燒尾宴食單》、宋代的《玉食批》、《武林舊事》、《東京夢華錄》、《夢粱錄》、《都城紀勝》等書都記敘了御宴的食單。尤其是元代忽思慧所著的《飲膳正要》，是中國古代蒐集最廣泛、內容最詳細的宮廷食譜。與現今留傳下來的宮廷菜聯繫最密切的是現存清代的「內務府檔案」，它保存了18世紀乾隆朝至20世紀光緒朝壽膳房、御膳房的食單，都是我們研究宮廷菜的珍貴資料。

（二）宮廷菜的風味特點

中國宮廷風味，主要是以幾大古都為代表的風味，有南味、北味之分。南味以金陵、益都、臨安為代表，北味以長安、洛陽、開封、北京、瀋陽為代表。留傳至現在的宮廷菜主要是元、明、清三代的宮廷風味。尤其是清代的宮廷菜，是今天宮廷菜的主體。

清代的宮廷風味，主要由三種風味組成。一是山東風味，明朝統治者將京城遷至北京時，宮廷御廚大都來自山東，因此，到了清代，宮中飲食仍然沿襲了山東風味。二是滿族風味，清朝統治者是滿族人，滿族地區歷來過著遊牧生活，飲食上以牛、羊、鳥等肉類為主，在菜餚製作上形成了滿族口味特色的滿族風味。三是蘇杭風味，乾隆皇帝前後六次出巡江南，對蘇杭菜點十分讚賞，於是宮中編制菜單時，仿製並請蘇杭廚師製作蘇杭菜點，充實宮中飲食。從此，清代宮廷飲食便以這三種風味為基礎逐步提高發展起來，成為今日宮廷菜之風味。

宮廷菜華貴珍奇，原料多數來自各地貢品，比較罕見而難得。菜餚典式有一定的規格，十分豪華精緻，造型秀美而多變，菜名吉祥而富貴，筵席規格高，掌故傳聞多，餐具華貴而獨有。宮廷菜實際上集中了中國傳統烹飪技藝的精華，它始終保持著中國菜共有的基本特點和屬性。同時，由於歷史的原因，它也有自身所獨有的特色和內涵。

1.烹飪用料廣泛珍貴

宮廷菜的製作原料得天獨厚，它不僅有民間時鮮優質的普通原料，也有性質特異的地方土特產品，有博天下之萬物精選的稀世之珍，更有數不盡的山珍海味、罕見的乾鮮果品，這些烹飪原料從四面八方向宮中彙集。如長江中鎮江的鰣魚，陽澄湖的大閘蟹，四川會同的銀耳，東北的鹿茸、鹿尾、鹿鞭、鹿脯等，南海的魚翅，海南的燕窩，山東的鮑魚、海參，這些稀世之珍源源不斷地從水陸運到宮中。

2.菜餚製作技術精湛

宮廷菜製作精細，廚師技藝高超，而突出的一點是製作上尤其注重規格。據溥傑先生的夫人愛新覺羅・浩所著《宮廷飲食》一書記載，宮廷菜在配製上不得任意配合，如八寶菜，只限八個規定品種，不得任意更換代用。在調味上，「主次關係嚴格區分，例如做雞時，無論使用哪種調料、材料，必須保持雞的本來味道」。在製作的刀法上，宮廷菜製作有嚴格刀法要求，如紅燒魚製成「讓指刀」，乾燒魚製成「蘭草刀」，醬汁魚製成「棋盤刀」，清蒸魚製成「箭頭刀」。不同的烹調方法，要求不同的刀法，不僅在加工主料時表現出來，就是在加工配料時也嚴格區別。

為了使菜餚美觀，操作講究量材下刀。造型上主要用圍、配、鑲、釀的工藝手法，使菜餚外形整齊、飽滿。加之宮廷對烹飪的程序有嚴格的分工和管理，如內務府和光祿寺就是清宮御膳龐大而健全的管理機構，對菜餚形式與內容、選料與加工、造型與拼擺、口感與器皿等，均加以嚴格限定和管理，使得宮廷飲食的加工技藝精湛而高超。

3.重視保健，寓意吉祥

封建統治者為了祈求益壽延年，萬壽無疆，除了要求菜餚琳瑯滿目、奇異珍貴、顯示尊嚴外，還要求菜餚有滋補養生的功用。為此，歷代御膳機構中還專門設有「食醫」等指導御廚進行菜餚的烹製，並由此形成一定的理論，「食物相剋」、「食物禁忌」等就是一例。自元代宮廷飲膳太醫忽思慧《飲膳正要》一書刊刻問世後，「食療」不僅在宮中更加盛行，而且從宮中流向社會，影響後世。

宮廷菜是為宮廷皇上所享用的，於是，宮中的達官貴人、司膳、太監為了迎合皇帝的歡心，挖空心思給菜餚冠以象徵性的名稱，宴席冠以敬祝的席名。諸如菜餚有龍鳳呈祥、宮門獻魚、嫦娥知情等等，點心有五福壽桃，宴席有萬壽無疆席、江山萬代席、福祿壽禧席等，都具有吉祥、富貴、美好的寓意。

宮廷菜的技藝特色反映了中國傳統的烹飪文化的宮廷風格，雖然隨著歷史的變遷，鐘鳴鼎食的帝王們已被歷史所埋葬，但歷代御廚們所創造的宮廷菜，今天仍在烹壇上放射出奪目的光華。

二、官府菜

中國曆代封建王朝的許多高官極其講究飲食，不惜重金網羅名廚為其服務，創造了許多別有特色的名菜名點。這些官府菜有些已融入了地方菜系，但影響深遠的官府菜，仍然以其獨特的風味保留至今，有的經過系統地發掘整理、繼承和發揚，重新綻放出光彩。

歷代官宦的門第特點，在飲食中求享樂、重應酬，追求飲食的高品位必然也重視飲食；還有人用珍饈作敲門磚，謀求升遷，故而官府肴饌歷來精細。官府菜亦稱「公館菜」，多以鄉土風味為旗幟，注重攝生，講究清潔，工藝上常有獨到之處，不少家傳美饌，聞名遐邇。如山東孔府菜、北京譚家菜、南京隨園菜、河南梁（啟超）家菜、湖北東坡菜、川黔宮保（丁寶楨）菜、安徽李公（鴻章）菜、東北帥府（張作霖）菜，都是其中的佼佼者，至今仍有魅力。

（一）孔府菜

孔府菜名饌豐盛、規格嚴謹、風味獨具。這與孔子有關飲食衛生和養生之道的飲食觀是分不開的。孔子十分講究飲食科學，如「食不厭精，膾不厭細」，「失飪不食，不時不食，割不正不食，不得其醬不食」。其次，孔子對飲食衛生也特別強調，如「食饐而餲，魚餒而肉敗不食，色惡不食，臭惡不食」，「不撤薑食，不多食」等，就是孔子強調飲食衛生的深刻闡述。另外，孔子還重視飲食的量與度，講究飲食時的禮節等等。這些飲食要求對後世的孔府菜烹飪和飲食觀有極其重要的影響，也是今日孔府菜風格的根本起源。

孔府菜形成王公官府氣派、聖人之家的風度和禮儀等級，與歷代封建帝王尊孔是分不開的。封建帝王為了維持自身的統治，不僅尊崇孔子，而且十分優禮孔子的嫡系後裔，使他們生活優遇，聲勢煊赫。孔府在每年與帝王、貴族的交往中，必須要進行各種宴請，這在客觀上促進了烹飪技藝的發展，逐步形成了孔府菜的規格和禮儀。當然，創造孔府菜技藝的不是統治者，而是歷代專業烹飪的廚師們，他們是孔府菜的真正創造者。孔府菜在長期的發展中形成了自己獨有的特色，主要表現在以下幾個方面：

第一，原料取料廣泛。上至山珍海味，有燕、翅、參、骨、鮑、貝等名貴原料，下至瓜果、菜蔬、山林野菜，皆可入菜。

第二，烹調精細，講究盛器，技法全面。孔府菜做工精細，許多菜餚需多道工序完成，風味清淡鮮嫩、軟爛香醇、原汁原味。孔府菜歷來講究盛器，銀、銅、錫、漆、瓷、瑪瑙等各質俱備，鹿、魚、鴨、果、方、圓、瓜、元寶、八卦等各形俱全，使菜餚形象完美，按席配套，既雅緻端莊又富麗堂皇。孔府菜素有眾多的烹調技法，尤以燒、炒、煨、　、炸、扒見長。

第三，菜名寓意深遠，古樸典雅。家常菜多沿用傳統名稱，宴席菜多富含詩意或讚頌祝語。如「陽關三疊」、「白玉無瑕」、「合家平安」、「吉祥如意」等等。

第四，宴席菜禮儀莊重，等級分明。

孔府菜累積了專務其事的廚師的創造及許多前人的努力，代代相傳，沿襲至今，並且日益豐富，它是中國官府菜中的佼佼者。

孔府菜主要名菜有：燕菜四大件、詩禮銀杏、八仙過海鬧羅漢、瑪瑙海參、神仙鴨子、合家平安、鸞鳳同巢、一卵孵雙鳳、一品鍋、鍋塌鳳脯等等。

（二）譚家菜

譚家菜是清末封建官僚譚宗浚的家庭菜餚，流傳至今已有百餘年的歷史。譚宗浚在清同治年間中榜眼，以後入翰林，成為清朝的官僚階層。他熱衷於在同僚中相互宴請，以滿足口腹之欲。菜餚製作講究精美，在同僚中名聲大噪。他不惜重金禮聘名廚，吸南北風味為一體，精益求精，獨創一派。

第一，烹調講究原汁原味。如雞要有雞味，魚要有魚鮮，以至受到許多食客的讚賞。

第二，菜餚口味有甜鹹適口、南北皆宜的特點。在烹調中往往是糖、鹽各半，以甜提鮮，以鹹提香，菜餚具有口味適中、鮮美可口、南北均宜的特色。

第三，以製作海味菜最為擅長，其中以燕窩、魚翅的烹製最為有名。魚翅菜餚有十多種，其中黃燜魚翅最負盛名，它用料實惠而珍貴，製作複雜，菜餚汁濃味厚，柔軟糯爛，極為鮮醇。「清湯燕菜」也是海味佳餚中的代表作。

譚家菜為了達到以上的菜餚特色，在烹調上選料講究質量，原料都由烹飪廚師親自選購採辦，從不馬虎。調料上下料狠。提鮮多用清湯，在製作上除用老母雞、全鴨、豬肘子外，還加入金華火腿、干貝提鮮，這樣用湯輔助製作的菜餚味濃而鮮美。其次，譚家菜的多數菜餚火候足、質軟爛。如烹製魚翅，要在火上6～7小時。譚家菜最常用的烹調方法是燒、　、燴、燜、蒸、扒、煎、烤以及羹湯，而絕少用爆炒技法。總之，譚家菜在烹調上的特色是選料精、火候足、下料狠、重口味。

譚家菜作為北京清末的官府家庭菜，現仍保留在北京飯店。譚家菜主要名菜有：黃燜魚翅、清湯燕窩、紅燒鮑魚、扒大烏參、柴把鴨子、口蘑蒸雞、葵花鴨子、銀耳素燴、杏仁茶等。

（三）隨園菜

隨園菜是根據清代袁枚《隨園食單》這部烹飪著作總結和研製而成的，隨園菜也因《隨園食單》而得名。該書主要總結了歷代烹飪技術的經驗和教訓，蒐集了蘇、浙、皖等地尤其是官府家的名饌和風味點心三百餘種。關於該書的成書過程，用袁枚自己的話説，「每食於某氏而飽，必使家廚往彼灶觚，執弟子之禮，四十年來，頗集眾美」，「餘都問其方略，集而存之」。隨園菜堪稱是中國古代官府菜的典範。隨園菜在烹調上的主要特色是：

第一，十分講究原料的選擇。豬肉選用皮薄無腥臊的，鯽魚選用身扁白肚的，鰻魚選用湖溪游泳的，鴨用穀餵之鴨，雞選用騸嫩不可老稚，筍用壅土之筍等。主料是這樣，對調料的選用也是如此，醬用伏醬，先嘗甘否；油用香油，須審生熟；酒用酒釀，應去糟粕，醋有陳新之殊，不可絲毫差錯；蔥椒薑桂糖鹽雖用不多，俱選用上品。在對原料時令的要求上，有過時而不用的，如過時蘿蔔、山筍、刀鱭等，認為精華已竭。此外還注意原料的部位差異而引起質量的不同，炒肉用後臀，肉圓用前夾，煨肉用短肋；雞用雌，鴨用雄，蓴菜用頭，芹韭用根。隨園菜遵循這樣的選料原則，達到近乎「苛刻」的要求。

第二，加工、烹調精細而衛生。加工中隨園菜要求：「切蔥之刀不可切筍，搗椒之臼不可搗粉」，「肉有筋瓣，剔之則酥。鴨有腎臊削之則淨。魚膽破，而全盤皆苦。鰻涎存，而滿碗多腥。若要魚好吃，洗得白筋出」。烹調中尤其重火候，如蒸魚要色白如玉，凝而不散。燒肉火候要恰到好處，遲則色黑，屢開鍋蓋，則多沫而少香，火息再燒，則走油而味失。在衛生上要求製菜多換抹布，多刮砧板，多洗手，再做菜，菜餚不能有絲毫的不淨之味。

第三，講究色香味形器。隨園菜的製作要求色不可用糖色，求香不可用香料，菜餚的色要淨如秋雲、鮮似琥珀，香味不要舌嘗就知。味要求濃厚而不可油膩，味清鮮不可淡薄。盛器要求：貴物用器宜大；煎炒用盤，湯羹宜碗；宜盤則盤，宜碗則碗，宜大則大，宜小則小，參錯其間。

第四，注重筵席的製作藝術。隨園菜的宴席，一是不做耳餐、目餐，多盤疊碗，而是注重美味待客，用擅長製作的風味菜餚待客。二是菜餚講究鮮味，現殺現烹，現熟現吃，不把菜做好一齊搬出。三是注重上菜先後，鹹者宜先，淡者宜後；濃者宜先，薄者宜後；無湯宜先，有湯宜後。度客食飽，則脾困矣，用辛辣以振動之；慮客酒多，則胃疲矣，須用酸甘以提醒之。

隨園菜在烹調上有這些嚴格而科學的要求，因此，隨園菜的特色是：一物各獻一性，一碗各成一味，菜餚呈原汁原味是基本的口味特色；菜餚根據時節的不同，原料的選擇、烹調的方法、調味的火候也隨之變化；製作中戒過度製作而失去物性和自然形態，菜餚色香味形器講究順其自然和巧妙的搭配；烹調方法以江、浙地區的技法為主。

隨園菜的品種繁多，已研製成功的有四十多種，如素燕魚翅、鰒魚燉鴨、鰒魚豆腐、白玉蝦圓、八寶豆腐、雞鬆、雞粥、瓜薑水雞、雪梨雞片、台鯗燒肉、酒煨水魚、黃芪蒸雞、叉烤山雞、竹蟶豆腐、芥末菜心、白汁雞圓、糟雞翅、魚脯、素燒鵝、燒鴨、栗子燒雞、酒煨鰻魚、灼八塊、醉蝦等等。

三、寺院菜

寺院菜，一般指佛教、道教寺觀中製作的素菜，又名齋菜、釋菜或香食，是中國素菜的特異分支。第一，它受佛教的影響較大，隨佛教的興旺、寺廟的增多、香火的旺盛而興旺。第二，寺院素菜僅在許多名山勝地的寺院、道觀中流行，並有一定的影響，有特定的區域範圍。第三，在使用的烹飪原料上，除不用動物性的原料外，對植物類食物也有一定的限制。如，佛家還禁用「五辛」，即大蒜、小蒜、興渠、慈蔥、蔥；道家還禁用「五葷」，即韭、薤、蒜、蕓薹、胡荽。

中國的膳食結構自古便是穀蔬為主；佛教傳入和道教興起後，善男信女甚多，大多數掌門弟子不嗜葷腥，飲食崇奉清素，久之便形成齋食。寺院菜，用料多係三菇、六耳、果蔬和穀豆製品，製作考究，品種繁多，四季分明，調味清淡，素淨香滑，療疾健身，在中國內外具有較高評價。

（一）佛教寺院素菜的興起

佛教的寺院素菜起源於中國佛教，佛教傳入中國最早的歷史記載是距今近2000年的西漢哀帝元壽元年，即西元前2年。據佛經記載，當時佛教教規並沒有吃葷食素的規定，僧徒託缽求食，遇葷吃葷，遇素食素。東漢明帝時朝廷崇尚佛教，至南北朝與隋唐時期，佛教大盛。興佛主要是廣度僧尼，廣建寺廟。據稱北朝時，北齊境內僧尼近300萬；南朝梁武帝時，建康有佛寺700所；唐代武宗時，全國大小寺廟約5萬處。佛教由於朝廷的提倡，僧尼增多，乞食的習俗已難以實行，加之寺廟的擴建，遂形成以寺院為居地的自製自食的寺院伙食，稱之為「香積廚」，取「香積佛及香飯」之義。當時的寺院菜並不是寺院素菜，寺院食素脫俗的寺院素菜是從南北朝的梁朝伊始的，以後逐漸發展和盛行。中國佛教協會前會長趙樸初曾說過：「中國大乘經典中有反對食肉的條文，中國漢族僧人乃至很多居士都不吃肉。從歷史上來看，漢族佛教徒吃素的風習，是由梁武帝的提倡而普遍起來的。」在梁武帝提倡終身吃素、佛教「戒殺放生」、「不結惡果，先種善因」的影響下，寺院素菜開始誕生，並得以不斷地發展。因信佛而朝山進香的施主、香客逐步增多，有的還需招待，為了適應這種發展，於是，「香積廚」就擴大並兼營寺食，這就是寺院素菜的起因和由來。

（二）帝王的影響與傳播

素菜經皇帝的提倡，便帶上了鮮明的政治色彩和濃厚的宗教色彩。梁武帝蕭衍以帝王之尊，崇奉佛教，素食終生。據記載，蕭衍曾四次捨身佛門，南朝時期，大臣花了大量錢財才把他贖出來。在他的倡導下，佛教興盛，僧尼之多，狀況空前。「都下佛寺五百餘所，窮極宏麗；僧尼十餘萬，資產豐沃。所在郡縣，不可勝言。」（《南史・循吏傳》卷七）南朝時幾近天下人口之半的僧尼飲食並非嚴格劃一的素食。在這種情況下，梁武帝首先在宮裡受戒，自太子以下跟著受戒的達4800餘人。

在梁武帝的影響下，南朝的僧徒和香客大增，這使寺院有必要製作出素餐系列，以便自給自足，佛教素食由此發展起來，並向製作精美的方向發展，出現了許多精通素饌的僧廚。據《梁書・賀琛傳》載，當時建業寺中的一個僧廚，能掌握「變一瓜為數十種，食一菜為數十味」的技藝。其後許多寺廟庵觀的素饌，不斷有所創新，著名的「羅漢齋」為佛門名齋，取名自十八羅漢聚集一堂之義，成為素饌中之名菜而流傳至今。

唐代，佛教寺院素菜的製作達到了鼎盛時期，共有佛教寺院4萬多所，僧尼30萬人。經過漢唐數百年的發展，由佛教信仰而產生的食俗，已成為一種獨特的文化現象。

清代寺院素菜又出現了以果子為肴者，其法始於僧尼，頗有風味，如炒蘋果、炒藕絲、炒山藥、炒栗片，以及油煎白果、醬炒核桃、鹽水落花生之類，不勝枚舉。

寺院素菜歷經各代僧廚的不斷改進和提高，不僅素菜品種增多，技藝逐步完善，而且形成了寺院素菜清香飄拂的獨特風味，對後世影響深遠。

本章小結

本章從不同的角度系統地闡述了都市菜品、鄉村菜品、民族菜品、風味小吃與宮廷菜、官府菜、寺院菜的歷史發展和風味特色，以及在不同時期的相互影響。這些獨特的烹飪風味菜品，特色鮮明，各有千秋，與各地方風味一起構成了完整的中國烹飪文化體系。

思考與練習

1.都市菜品有哪些特性和基本特色？

2.談談如何利用民族烹飪文化資源進行嫁接創新？

3.列舉中國小吃主副兼備的特色及代表品種。

4.宮廷菜的主要特點是什麼？

5.寺院菜的主要特點是什麼？

第 7 章 中國筵宴菜品

本章重點

中國筵宴是中國烹飪文化與技術成果的集中表現，其菜單的設計是一門學問，有高深的技藝。本章從古今菜單的對照出發，系統分析了筵宴菜單的設計與配製藝術，以及當今主題菜單的設計與特色及其發展方向。

內容提要

透過學習本章，要實現以下目標：

●瞭解筵宴菜單的傳承與發展

●掌握筵宴菜品的組合藝術

●瞭解主題宴會菜單的設計和類型

在人類社會交往過程中，出於習俗或社交禮儀需要而舉行的宴飲聚會稱為筵宴。筵宴是具有一定規格質量的由一整套菜點組成的多人聚餐的一種飲食方式。筵宴菜點設計的好壞，菜點製作質量如何，是筵宴活動的關鍵的一環。應該説，筵宴設計與菜點質量是烹飪藝術高度集中的表現。筵宴設計是專門的學問，有高深的技藝，值得我們去研究、開拓和創新。

第一節 筵宴菜單的傳承與發展

在中國筵宴的歷史由來已久。對於菜點的安排即菜單的設計，隨着社會的發

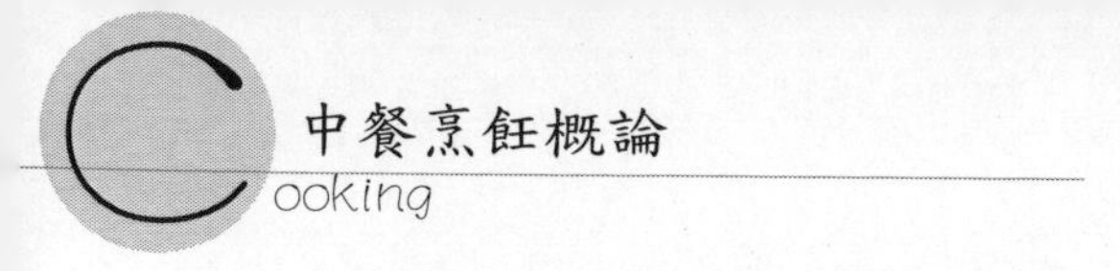

展，總的說來，其變化是由簡到繁，又由繁趨簡。

一、古代筵宴菜單的演變

殷朝時並無菜單之制，僅用牛的頭數來表示宴會規格，到了西周時期，才有一定的制度，特別是春秋時期更有許多講究，菜點的多少表示了森嚴的等級身分的差別。諸如：「天子之豆二十有六，諸公十有六，諸侯十有二，上大夫八，下大夫六。」（見《禮記・禮運》）一個諸侯請下大夫吃一頓飯要有45個饌肴，其中不僅有33件「正饌」（這是規定的），又有臨時增添的12件「加饌」（它也有規定）（見《儀禮・公食大夫禮》）。這就是後世每次宴會必須制定菜單的來歷。墨子說：「美食方丈，目不能遍視，口不能遍味。」戰國時期，屈原在《招魂》中所描述的一個菜單，前後總共有14種饌肴，兩樣主食，兩樣點心，十個菜餚，比之春秋以前簡化多了。

兩漢時期的筵宴不亞於先秦時期的排場，並且所食用的肴品精美得多了。長沙馬王堆漢軑侯墓一個食物的單子（竹簡），共計有品類100多種。（見中國科學院考古所《長沙馬王堆一號漢墓》上冊。）文字記載則有士大夫們列五鼎而食的說法。三、五、七、九鼎列而食之，其他的饌肴無數（多為雙數）。這大概是根據《禮記》中所說的「鼎俎奇（單數），籩豆偶（雙數）」的說法而來。

唐宋時期筵宴之風得到了進一步的發展，最具代表性的是韋巨源招待唐天子的「燒尾宴」，奇特的菜點就有58道。當時，各種豐富的食物原料和一些先進的飲食器具，大大地促進了中國各地烹飪技藝的發展。據史料記載，隋唐以來，奢侈之風盛行於世，宮廷宴席的豪華已達到「四海之內，水陸之珍，靡不畢備」的程度。宋代人對飲食生活也是相當講究的。當時的宴會酒席有繁有簡，各式不一。北宋時期百官給天子、皇后上壽，皇帝設筵席招待，用酒只有9杯，除看盤、果子之外，前後總共只有20種左右。（見《東京夢華錄》。）但是到了南宋，「天基聖節」之日則是：3盞之後再賜宴，上壽13盞，初坐10盞，再坐20盞，總共46盞，這桌酒席計算起來，要用百十件饌肴了，看盤、果子還不計算在內。今天所能看到的文字記載，南宋時期最大的一個菜單，要算紹興二十一年

（西元1151年）清河郡王張俊在家中宴請宋高宗趙構所供奉的「御宴」了，從「繡花高飣」到15盞「下酒」（每盞2件菜餚），從「插食」到「對食」，共計有250件饌肴。

清朝的筵宴和酒席是集歷代之大成。就其御膳房「光祿寺」而言，它在各代御用膳饌的基礎上，又加入了滿、蒙、回、藏族的各種食品，成為一個混合的大廚房。它所辦的「燕筵」（宴會請客所用）稱為「滿洲席」，又稱「滿洲筵桌」、「餑餑桌子」。這種燕筵以點心為主（以用麵粉的多少來分等級），共分六等，菜餚多用漢菜。每一個等級都有一定的「菜單」。其第一等，用麵120斤，紅白饊支3盤，餅餌20盤，又2碗，乾鮮果品18盤，熟鵝1隻，共計有44件。（見《大清會典》。）

至於當時市面上的酒樓飯店，多數是承辦民間的筵宴酒席，從光緒己丑（光緒十五年，西元1889年）以後，官府之間的請客宴會也進入了酒樓飯店，酒席宴會有了新的發展。僅其菜單的名稱就多種多樣，舉不勝舉。有依一桌之主要菜品而稱的，諸如，燒烤席、燕菜席、魚翅席、魚唇席、海參席、三絲席、廣肚席等。有用一種原材料做成一桌酒席的全羊席、全鱔席（興起於同治、光緒年間淮安地區）、豚蹄席等。還有依盤、碗、碟的多少而命名的，諸如十六碟八大八小，十二碟六大六小，八碟四大四小，十大件，八大吃，十大菜，八大碗。（以上種種多在同治光緒年間興起，見《清稗類鈔》。）在所有這些筵宴菜單中，最大的要算「滿漢全席」了，號稱108樣。後來雖然偶爾用之，但已不多見。當時在社會上使用最多的還是酒樓飯莊中所制定的菜單。

中國古代筵宴菜點鋪張之風越演越烈，清宮的滿漢大席、千叟宴已達到了登峰造極的地步。中國古代飲宴，從商紂王的「以酒為池，懸肉為林」開始，開創了糜爛生活的先河。以後歷代剝削階級窮奢極欲，荒淫無恥，令人驚愕，不勝枚舉。明清兩代，其筵宴規模之盛大、品類之繁多、珍饈之豐美達到了奢侈的高峰。

（一）古代宴席的類別

中國古代宴饗、祭祀都有嚴格的等級制度，其用器和飲食，在不同的時代都

有較明確的規定。如鼎，在古代既是炊器、盛器，又是禮器，最能代表人的身分和地位。《公羊傳》桓公二年何休注說：「禮祭天子九鼎，諸侯七，卿夫五，士三也。」雖然中國古代宴席紛紜複雜，品目繁多，但從整體上說，古代宴席可分為宮廷宴、官府宴和民間宴三大類。

1.宮廷宴

宮廷宴，即朝廷皇帝舉辦的宴席，是中國古代最高級別的一類宴席。歷朝皇宮在諸如慶祝聖壽、封官加冕、賜宴諸侯、宴請使節、慶功祝捷、婚喪之禮、祭祀之禮、養老之禮等時，都會大擺宴席，其宴席上菜點的精美和豐盛程度都是堪稱一流的。如清代宴席場面最大、規模最盛、耗資最巨的千叟宴、滿漢全席，都是有名的宮廷宴。

2.官府宴

官府宴，即地方官府、達官權貴舉辦的宴席。官府宴與官階品位一樣，其等級差別很大，高級的有為皇帝出巡而設的接駕宴，此外還有為升官而供奉皇帝的謝恩宴、為新官上任而舉辦的迎新宴、為同僚舉辦的應酬宴、為科舉考畢而宴請主考官的酬謝宴、為節日玩賞而舉辦的遊宴等。低級的官府宴就是一般低品位官僚間的應酬宴。高級的官府宴的菜點品質可與宮廷宴媲美，如最有代表性、影響最大、獨具風格的「孔府宴」，即屬於高級官府宴之列。

3.民間宴

民間宴，即豪紳、富商、詩人墨客及庶民百姓舉辦的宴席。這種宴席沒有官方的權力象徵，但根據舉辦宴會者的身分和社會地位，宴席的等級區別也較大，高至豪富商人和名流紳士大擺闊氣的聚會宴，低至一般百姓的紅白喜宴。民間宴包括較多大眾風味菜餚，是家常鄉土名菜、小吃的搖籃，全國的許多名菜名點都是從民間宴中逐步登上大雅之堂的。因此，全國各地的民間宴對豐富和發展中國的烹飪技藝有著十分重要和積極的作用。

（二）古代歷史名宴

在中國幾千年飲宴的發展史上，各種宴席，品類繁多，但最為著名的、影響最深的，當數千叟宴、滿漢全席和孔府宴。

1.千叟宴

千叟宴又稱千秋宴，是清代專為各地老臣和賢達老人舉辦的宮廷盛宴，因赴宴者多在千人以上，故名。由於其規模最為盛大，後人又稱之為歷史大宴。據史料考證，清代歷史上共舉行過四次千叟宴，其中康熙年間兩次，乾隆年間兩次。據清宮有關資料記載，乾隆五十年的千叟宴，共設800桌，計消耗主副食物約略如下：

白麵375公斤，白糖18公斤，澄沙15公斤，香油5公斤，雞蛋50公斤，甜醬5公斤，白鹽2.5公斤，山藥1.25公斤，江米80公斤，核桃3.5公斤，乾棗5公斤，豬肉850公斤，菜鴨850隻，菜雞850隻，肘子1700個，玉泉酒200公斤。為舉辦千叟宴用燒柴1924公斤，炭206公斤，煤150公斤等。

千叟宴的禮儀環節特別多，所有參加千叟宴的人員，皆由皇帝欽定然後交由有關衙門分別行文通知，於封印前抵京，保證準時入宴。由於其規模盛大，場面豪華，宴前需要大量的物資準備。開宴之前，在外膳房總理大人的指揮下，依照入宴耆老品位的高低，預先擺設了千叟宴桌席，按照嚴格的封建等級制度，分一等桌張和次等桌張兩級設擺，餐具和膳品也有明顯的區別。席間，眾臣都要行跪、叩之禮。宴賞之後，由管宴大臣頒賜群臣耆老賞贈禮物。王公大臣可當即跪領賞物，並行三跪九叩禮謝天恩；三品至九品官員以及兵丁士農等耆老則被引至午門外行禮後按名單發給禮品。

2.滿漢全席

滿漢全席也稱「滿漢席」、「滿漢大席」，是清代中葉興起的一種規模盛大、程序複雜、由滿族和漢族飲食精粹組成的宴席。其中包括紅白燒烤、各類冷熱菜餚、點心、蜜餞、瓜果以及茶酒等，入席品種最多時達200餘品。「滿席」、「漢席」最初是清帝國朝廷的禮食制度，定制於康熙二十三年（西元1684年），之後，「滿席一漢席」很快便成為官場迎送的禮賓之食，並一直延續到道光（西元1821～1850年）中葉，於是出現了合璧的「滿漢席」。「滿漢全席」到清代末期日益奢侈豪華，風靡一時。各地也因京官赴任，使「滿漢席」

的格局廣為流傳，並逐漸融合一些當地的風味菜餚而形成各具特色的「滿漢席」。滿漢全席是中國古代烹飪文化的一項寶貴遺產，是在整個中華民族的文化全面交流融合過程中逐步實現的。

滿漢全席兼用滿漢兩族的風味肴饌，用料上多取漢食的山珍海味，重滿食的麵點；其程序煩瑣，禮儀隆重，有的菜品服務人員要屈膝獻於首座貴客，待貴客舉箸，其餘與宴者方可下箸；菜品豐富多彩，常常分多次進餐，有的需數天分數次吃完；並以名貴大菜帶出相應的配套菜品，席面多是按大席套小席的模式設計，有席席相連的排場，既有主從、又有統一的風格。

3.孔府宴

孔府宴是山東曲阜孔府中所舉辦的各種宴席的總稱。孔府是中國歷史最久、也是最大的一個世襲家族，受到歷代封建王朝的賜封。到明、清王朝，孔府又世襲「當朝一品官」，有極大的特權，是名副其實的「公侯府第」。在漫長的歷史過程中，孔府經常都要舉辦各種宴席，來迎接欽差大臣、皇親國戚或進行祭祀、喜慶活動，並逐步形成制度。孔府宴具有嚴謹莊重、講究禮儀的風格，分常宴席、迎宮宴席和接駕宴席三類，最豪華的是接待皇帝的「滿漢宴」，至今孔府還保存有一套清代製作的銀質滿漢餐具，計404件，可上196道菜點。

孔府宴的菜點豐富多彩，選料廣泛，技法全面，具有獨特風味。高級宴席為顯示主人「當朝一品官」的高貴，菜餚常以一品命名。孔府菜用料考究，注重保持原形、原味、原色，質味多變，成菜精巧，充分體現了孔子「食不厭精」的古訓。

二、1950年代以後筵宴菜單特點

1950年代以後，中國筵宴菜單的安排已發生了翻天覆地的變化，除保持一定的傳統特色外，很多宴席被淘汰。許多規格、程序已作了很大的精簡。過去統治階級、富有階級奢侈浪費，以多為貴（表示等級），以奇為尚，以豪華為榮的做法已經被摒棄。而今，各地安排菜點時，既注重禮遇，展示高超的烹飪技術，又要經濟實惠，適合各類賓客的口味。

（一）菜單的組成

菜單的組成，就近代而言，一般說來有冷盤、熱菜、頭菜、甜菜、飯菜點心和湯菜、水果等基本內容。就近幾十年的菜單開列狀況來看，宴會菜單的編排模式基本相近，大多都借鑑傳統，取長補短，體現本地的風味特色。其基本構成內容及上菜程序一般為：

1.冷菜

常用的冷菜格式主要有：彩盤，又稱彩拼、花拼，是以各種冷菜食品為原料，透過美化造型的象形工藝菜。大型彩盤在宴席中可作中盤，一般與小圍碟配合上席。

2.熱菜

也叫大菜、主菜、正菜，是宴席的重點內容。熱菜的上菜順序各地有些差異，但基本的順序還是比較相似的，一般為：頭菜→炸、烤類菜→二湯菜→各式熱葷菜→以素為主的菜→甜菜→湯；或者為：四熱炒→五大菜→四點心→一飯湯。

3.水果

一般宴席最後要上一種至二種水果。其用量不要太多，品種以兩種為好。

（二）地方風味名宴

1.四川風味宴

冷菜：彩盤：孔雀開屏

單碟：燈影牛肉　　紅油雞片　　蔥油魚條

椒麻肚絲　　糖醋菜卷　　魚香鳳尾

正菜：頭菜：紅燒魚翅　　烤菜：叉燒酥方

二湯：推紗望月　　熱葷：乾燒岩鯉

熱葷：鮮溜雞絲　　素菜：奶湯菜頭

甜菜：冰汁銀耳　座湯：蟲草蒸鴨

飯菜：素菜：素炒豆尖　魚香紫菜

跳水豆芽　胭脂蘿蔔

水果：江津廣柑

2.江蘇風味宴

冷菜：彩盤：太湖春早

單碟：白嫩油雞　鹽水河蝦　金珠口蘑　紅皮糟鵝

水晶肴蹄　雞油白菜　蓑衣黃瓜　糖霜蓮米

熱菜：熱炒：清炒蝦仁　三絲魚卷　蝦子雙冬　銀芽金絲

大菜：鴨包魚翅　燒馬鞍橋　蘭花鴿蛋　松鼠鱖魚

蟹粉獅子頭

點心：三丁包子　黃橋燒餅　千層油糕　蘇式湯圓

飯菜：沙鍋菜核

甜羹：冰糖銀耳

水果：陵園西瓜

三、20世紀後期筵宴菜單

隨著對外開放和中國加入世貿組織，經濟和交通的飛速發展，使中國餐飲水準又發生了翻天覆地的變化，人們的飲食水準和原料的利用與以前相比從內容到形式都發生了一系列的變化，許多人從家庭的餐桌走到了飯店、賓館。而各飯店在經濟發展的大潮中遵循市場規律，出現了優勝劣汰、適者生存的局面。商業的競爭，使各企業都以自己的特色和質量吸引著四面八方賓客。20世紀後期，筵宴菜單的設計也呈現出許多新的內容，以實用為主體，以吃飽為適度，各企業為了迎合當今人們的飲食需求，無論是在菜點製作還是菜單編排上都出現了一些新的特點，特別是一些旅遊飯店，菜品數量因人而異，熱菜一般5～8道，而且開拓出風格各異的筵宴菜單形式。

（一）筵宴菜品數量適當調整

如今的筵席菜單，菜品數量根據顧客的需求有了適當調整，如：

A	B
鴻運大拼盤	八味精美碟
生炊大龍蝦	菜膽扒鮑脯
貝茸南瓜羹	蝦仁嘉橘籃
百果炒鴿脯	酥皮焗海鮮
麵兜釀鴨柳	明珠柱候鴨
一品魚翅盅	鮑片靈芝菇
時蔬雙味拚	四喜時令蔬
酸菜鴨方湯	時令燒鱿魚
蘇廣三味點	江南四美點
錦繡水果盤	三色水果盤

（二）菜餚配置的變化

隨著社會發展及人們生活水準的提高，國民的飲食思維開始發生變化，理性消費逐漸開始形成。開放大潮不斷深入，不少外國的菜點走進了我們的市場，中

國各地方的菜點都在今天的市場大潮中湧現出來。傳統的以地方風味為主體的宴會風格體系逐漸向多元化方面發展，中外合璧的成分越來越多，許多特色菜、新潮菜隨著賓客的要求不斷地呈現在人們面前，使得宴會菜品組配的內容更為豐富。如：中西合璧宴、湘鄂風情宴、綠色食品宴、海鮮火鍋宴、美容保健宴、粵閩海味宴、鄉土風味宴、揚子江鮮宴、特色花卉宴、生態食品宴。

（三）筵宴名目增多

宴會名目在繼承傳統精華的基礎上，又出現了許多新的內容，如：

（1）原料宴：黑色宴、海鮮宴、菌菇宴、螃蟹宴、茶肴宴；

（2）地域宴：運河宴、太湖宴、長江宴、長白宴、珠江宴；

（3）功用宴：長壽宴、美容宴、食療宴、健腦宴、滋陰宴；

（4）仿古宴：三國宴、六朝宴、東坡宴、紅樓宴、乾隆宴。

（四）筵宴菜單的不斷更新

1.數量由鋪張趨向適中

中國傳統宴席比較追求原料的名貴，崇尚奢華，往往菜點的數量多多益善，沒有科學根據，而是根據傳統習慣來安排，菜點數量少則十幾道，多則幾十道，往往使宴會剩菜很多，甚至有的菜沒有動筷就原樣送回，這不僅造成食物資源的浪費，而且還使客人暴食暴飲，有損於身體健康。

筵宴設計要講究實惠，力戒追求排場，要本著去繁就簡、多樣統一、不尚虛華、節約時間、量少精作的幾條原則來制定宴會的菜單，菜單太繁，不僅浪費金錢，而且也浪費時間。筵宴菜單設計只要能注意原料的合理搭配、講究口味的變化，同時考慮賓客食量的需要，就一定能夠使賓客稱心滿意。

宴會菜單舉例如下：

四味喜慶拼、冬茸香味羹、豉汁蒸生蠔、沙茶鱖魚卷、香檳／雪糕、蒜香焗青龍、紅酒烹鴿脯、蠔油雙時蔬、四喜臘味飯。

2.營養由失衡趨向均衡

中國人民自古以來就有熱情好客的傳統，款待嘉賓時，其宴會都講究形式隆重，菜餚多樣，以表達對賓客的情誼。每次宴會往往使就餐者進食多量的食物，冷菜、熱菜、大菜、點心等等一擺就是一大桌，各式葷菜占90%以上，脂肪與蛋白質含量過高，影響人的正常消化、吸收，很不符合膳食平衡、合理營養的科學飲食原則。這樣長此以往，會導致人的身體疾患，造成營養缺乏症、冠心病、高血壓等，所以有必要改革傳統宴會某種營養過量的舊習慣，提倡根據就餐人數實際需要來設計宴會，並適當增加素菜在筵宴中的比例，特別要設法搭配有色蔬菜，以保證有足夠數量的膳食纖維來維持腸道的蠕動，這樣做既可調劑口味，使清淡與油膩相結合，又能使宴會達到營養較合理的地步。

宴會菜單舉例如下：

龍蝦沙拉、翡翠茸羹、酥炸蟹盒、生煎鱈魚、片皮大鴨、雙味美點、時鮮果盅。

3.衛生習慣由集餐趨向分餐

團聚會餐，同飲共食，這是中國遺傳下來的傳統筵宴方式。長期以來，中國人民的吃飯方式普遍採用集餐方式。如迎賓宴會、節日聚餐、會議包餐、喜壽宴飲等場合，以至千千萬萬個家庭用餐都普遍使用這種集餐方式，且一直被人們認為是一種「傳統習慣」。對此，科學的回答是否定的。從衛生角度來看，這種集餐方式極易傳染疾病，是一種不良的進餐習慣，必須加以改革。

兩千多年前，中國就有人提倡「食不共器」，但一直未深入下去。目前，許多飯店企業已注意到這個方面，提倡「單上式」、「分餐式」和「自選式」，許多高檔宴會的上菜基本都是分餐各客制，既衛生又高雅。但這種方式還不夠普遍和深入，特別是民間的宴飲還存在大量集餐的現象。

分餐宴會菜單舉例如下：

美味六拼盤（各客）、上湯海鮮盅（各客）、雀巢帶子蝦（每人一小巢）、鴨掌扒鮑脯（各客）、黑胡椒牛肉卷（各客）、蝦醬燉胖魚（餐廳分菜）、猴頭燴雙蔬（各客）、雞火鴨舌湯（各客）、蘇揚三美點（各客）、雪糕水果盤（各客）。

第二節 筵宴菜品的組合藝術

將各種菜餚、點心等遵照一定的原則，進行排列組合，編製成筵宴菜單的工作稱為筵宴組合。它是製作筵宴和上菜順序的依據。筵宴菜品組合得科學合理，可以使與宴者得到完美的精神享受和物質享受。

一、突出主題，顯現風格

筵宴菜點的設計，要分清賓主，突出重點，絕不可賓主不分，或喧賓奪主。應遵循時代特點，根據人們的生活特點和飲食規律進行菜點組合。1990年代以前，全國各地推崇的「全席」結構，以頭菜為主中之主，作為全席的核心，或者重點。設計宴會菜首先要選好頭菜，頭菜在用料、味型、烹法、裝盤等方面都要特別講究。頭菜定了以後，其他的菜餚、點心都圍繞著頭菜的規格來組合，客體菜多樣而有變化，在質地上既不能高於頭菜，也不能與頭菜相差太大。客體菜只有做到恰如其分，才能造成襯托主體和突出主題的作用，即「多樣的統一」。

一桌筵宴，都有其重點的主菜，主次分明的筵宴風格將長久地保持下去。許多宴會主題性很突出，那麼筵宴的菜餚與製作都要與之相聯繫。如壽慶宴、兒童生日宴、新婚宴、慶典宴等。突出宴會主題對宴會的氣氛會產生很大影響。菜餚設計命名與宴會主題相結合，就會形成一種獨特的風格。

筵宴的格局，雖然是統一的，但在菜品的組合上，要顯示各個地方、各個民族、各個飯店、各個廚師自己的風格。風格統一，本身就是一種和諧的美，自然具有美學價值，受人歡迎。

顯現風格，發揮所長，要亮出名店、名師、名菜、名點和特色菜的旗幟，施展本地本店的技術專長，避開劣勢，充分選用名特物料，運用獨創技法，力求新穎別緻，展示當地的飲食習尚和風土人情，使人一朝品食，長久難忘。筵宴要突出風格，川味宴就得有正宗的川味，蘇味宴應當有水鄉的風情。若稱運河宴，就不能把東北馬哈魚、新疆的羊肉串抓來「頂差」。要叫佛門全素齋，必須杜絕五葷、五辛、蛋奶以及「素質葷形」的工藝菜。若是「中西合璧宴」，則要求製作的菜餚、原料、口味、技法相互穿插、借鑑，而不能只是東坡肉、佛跳牆之類的傳統菜。顯現風格，就要突出宴會風格的個性特徵，既不能貌合神離、張冠李戴，也不能面目全非、毫無個性。

二、富於變化，掌握節奏

不論何種筵宴，都應根據不同需要靈活排好菜單。一桌筵宴菜單就像一曲美妙的樂章，由序曲到尾聲，應富有節奏和旋律。在制定菜單時，既須注意風格的統一，又應避免菜式的單調和工藝的雷同，努力展現變化的美。一桌筵宴菜餚，從冷菜到熱菜通常由多道菜組成，菜品越多，越應顯示各自不同的個性。冷菜通常以造型美麗、小巧玲瓏的「單碟」為開場菜，它就像樂章的「前奏曲」將食者吸引入宴，可造成先聲奪人的作用。熱菜用豐富多彩的美饌佳餚，是顯示筵宴的最精彩的部分，就像樂章的「主題歌」，引人入勝，使人感到喜悅和無窮回味。筵宴的效果如何，關鍵就在於菜餚的組配，就像音樂必須有抑揚頓挫的節拍才悅耳，繪畫必須有虛實濃淡的畫面才優美感人，筵宴菜品的組配也必須富於變化和節奏感，在菜與菜之間的配合上，要注意葷素、鹹甜、濃淡、酥軟、乾稀之間的和諧、協調，相輔相成，渾然一體。

應該說，一桌豐盛的筵宴，其構成形式是豐富多彩的。它主要表現在原料的使用、調味的變化、加工形態的多樣、色彩的搭配、烹調的區別、質感的差異、器皿的交錯、品類的銜接等幾方面，只有這樣，宴會才會有節奏感和動態美，既靈活多樣、充滿生氣，又增加美感，促進食慾，這是筵宴菜獲得成功的基本保證，也是宴會菜品開發的一個較好途徑。

（1）原料使用：雞、鴨、魚、肉、豆、菜、果；

（2）調味變化：酸、甜、辣、鹹、鮮、香、複合味；

（3）形態多樣：絲、條、塊、片、丁、球、整隻；

（4）色彩搭配：赤、橙、黃、綠、青、藍、紫；

（5）烹調區別：炒、燒、燴、烤、煎、燉、拌；

（6）質感差異：軟、嫩、酥、脆、爽、糯、肥；

（7）器皿交錯：盤、碗、杯、碟、盅、缽、象形；

（8）品類銜接：菜、點、羹、湯、酒、果、甜品。

一桌筵宴組配，菜餚是紅花，點心是綠葉，菜點之間互相配合尤為重要。菜點都要順應宴會的主體風格，菜餚與點心在口味、烹調方法上要達到和諧統一，「全席」宴的配置也要風格協調。根據宴會的不同檔次，菜精點心細，菜粗點心大，宴會有春、夏、秋、冬之差別，菜餚如此，麵點亦然，配置宴會要始終體現整體風格的一致性。

三、迎合場景，順應時代

一般來說，高檔次宴會組配要求以精、巧、雅、優等菜品製作為主體，菜點的件數不能過多，但質量要精；中檔的筵宴組配以美味、營養、可口、實惠為主體，菜點的件數、質量比較適中；中低檔的筵宴組配以實惠、經濟、可口、量足為主體，菜點的件數不能過少，要求實惠和豐滿。不同檔次的宴會對美食、美境的要求不同。價位高的宴會，比較講究形式的典雅、比較考慮進餐的環境因素和愉悅情緒，比較重視餐室、布置、娛樂的雅興和服務接待禮節用語的規範；對菜品的要求一般比較高，講究菜品的口味和裝潢。中低檔的筵宴，比較注重氣氛的和諧，比較隨便、自由，沒有任何拘束感；在菜品方面不講究精雅，而在於實惠與可口。四五星級飯店的高檔宴會菜餚實行分餐制，一人一碟，一菜一撤盤；而中低檔宴會常常是大魚大肉盤疊盤，吃不了帶著走。宴會的組配從頭到尾都有許多差別，只有視情況而調整，才能有好的效果。

不同的時代，不同的地區，筵宴組配的風格也是不同的。古代與當今筵宴的配膳不同，城市與鄉村筵宴的配菜風格不同。古代的貴族階層，講究「食前方丈」、「鐘鳴鼎食」，筵宴菜品種講究越豐盛越好，致使菜品出現了一百多道的清宮「滿漢全席」。而今，中國的筵宴菜品正由繁多向適量方面轉化，人們更多關注食品的營養、衛生、健康，筵宴菜品的配置也出現了一些新的方式。

（一）自選式

近十多年來，這種飲食風氣在許多大飯店盛行。在餐檯上配置冷菜、熱菜、點心、甜菜、水果等，品種多樣，展示在賓客面前，餐檯上備有刀叉、筷子、餐盤，讓客人端著餐盤，按自己的喜好選用菜點，吃多少，取多少。

（二）分餐式

在筵宴中，每一盤菜點，都配上公筷、母匙，餐桌上也配有公筷、母匙。檔次高的宴會，由服務人員將每盤菜平均分配給客人，一般的筵宴，賓客可用公筷、母匙盛取食品。這樣既保持了中國筵宴的風格特色，又符合衛生要求。

（三）各客式

這是中餐西吃的方式，整桌菜點都是由廚房或餐廳人員分配好，每客一份，就如同西餐上菜一樣，菜用盤，湯用盅，按筵宴的順序，一道一道地由服務人員送上餐桌，這種形式，多用於國宴或高級別宴會。

第三節 筵宴菜品的配製技巧

制定筵宴菜單的目的，主要是合理配備菜餚和麵點，其中菜餚是整個宴會中最主要的部分。因此，筵宴菜品的配製質量、特色決定著整個筵宴活動的成敗，也影響到一個飯店的聲譽。

一、注重營養，把握檔次

隨著生活水準的提高，人們對飲食要求有了新的認識，更加關注合理配膳。合理配膳，要求飲食種類要齊全，食物必須多樣化，各種營養素的比例要適當，以解決營養素的不足或過多。中國營養學會常務理事會1997年4月10日通過了《中國居民膳食指南》，這是在今後相當長的一段時間裡，中國居民應遵循的科

學膳食的基本準則，對中國人民的身體健康具有重要的指導意義。

《中國居民膳食指南》摘要：食物多樣穀類為主；多吃蔬菜、水果和薯類；每天吃奶類、豆類或其製品；經常吃適量魚、禽、蛋、瘦肉，少吃肥肉和葷油；食量與體力活動要平衡，保持適宜體重；吃清淡少鹽的膳食；如飲酒應限量；吃清潔衛生、不變質的食物。

筵宴以豐盛精美的菜點招待客人，一般都以山珍海味、雞、鴨、魚、肉為主體，而忽略了豆類、薯類、蔬菜、水果的配搭，只注重菜點的調味和美觀，而忽視了合理營養、平衡膳食的原則。傳統的筵宴菜點的配備與現代營養學的要求相比，還存在一些不足之處。這就要求我們在設計宴會菜點時，要在保持傳統筵宴風味特色的基礎上，注意原料菜點的多樣化，既要有富含蛋白質、脂肪的肉類食品，又要配備多維生素的蔬菜、水果，並適當配一些豆類、薯類、筍類、菌類菜品，以達到營養比較全面的目的。在菜餚的調味上不要太油膩、太鹹，不要過多的動物性食物和油炸、煙燻菜品。

筵宴的檔次以其價格而定。它的分類一般以用料價值的高低、選料的精粗、烹製工藝的難易、席面擺設及服務的繁簡來區分。據此劃分有高、中、普通三級。與宴會相適應的菜餚也相應分高、中、普通三個檔次。高級筵宴的菜品特點是：用料精良、製作精細、造型別緻、風味獨特；中級筵宴的菜品特點是：用料較高級、口味醇正、成形精巧、調味多變；普通筵宴的菜品特點是：用料普通、製作一般、具有簡單造型、經濟實惠、口味豐富。

菜餚的安排要圍繞宴會的形式、內容來組合安排，同時做到與整席其他內容搭配得宜。如做成「歡迎」字樣的菜品，以表達對外國友人到來的歡迎；用「壽桃」烘托祝壽喜慶的席面氣氛；根據賓客的飲食特點、風俗習慣配置菜餚等。如果是兒童生日宴，可使用「一帆風順」、「前程似錦」等名稱。總之，要使筵宴造型生動，使菜品配合貼切、自然，須緊緊圍繞筵宴主題。突出宴會主題對筵宴的氣氛有很大影響。但是也不要為了突出主題，而去胡編亂造菜名，造成文不對題、牽強附會現象。

‖

二、瞭解賓客，突出時令

制定菜單，首先應對客源作一番瞭解，如國籍、民族、宗教信仰、飲食嗜好和禁忌、年齡、性別、職業、體質等，並依此確定品種，重點保證主賓，同時兼顧其他。要充分尊重客人的飲食習慣，不同的民族、不同的國家有著不同的飲食習慣。如回族信奉伊斯蘭教，禁食豬肉、驢肉、動物血、茴香等；蒙古族信奉喇嘛教，禁食魚蝦，不吃糖醋菜。日本人偏愛清淡、爽脆的菜餚；俄羅斯人偏愛肥濃香辣的菜餚。不同的年齡對菜餚也有不同的要求，如老年人較偏愛酥爛、軟嫩、清淡的菜餚；而青年人則偏愛香脆酥鬆的菜餚。男人較喜歡辣香鹹的菜餚；女人則較喜歡酸甜菜餚及甜品。中國人民的食俗還有「南甜，北鹹，東辣，西酸」之說。瞭解賓客個性，配宴時「投其所好，避其所忌」，才能使賓客滿意。如果忽視這一點，那麼就會事與願違，甚至造成不良影響。制定菜單還必須根據賓客的具體要求（如設宴目的、飲宴要求、用餐環境），進行合理設計，只有這樣，才能真正滿足賓客的需要。在宴會人數上，如果人多菜件少，應盤大量足；而人少件數多，應味美質精。總之，要根據賓客不同的需要合理配宴配菜。

筵宴菜點要突出季節的特點，力求將時令佳餚搬上餐桌，突出時令風格，這裡包含三個意義：一要按季節精選原料，使用鮮活原料，達到豐美爽口的特點；二要按時令調配口味，酸苦辣鹹，四時各宜。原則上是春夏偏重於清淡爽脆，色澤要求淡雅；秋冬偏重於味醇濃厚，色彩要深一些，盛器常選用保溫性能好的火鍋、煲、沙鍋之類的器皿；三要考慮到食醫結合的關係，根據季節的不同，適當配置滋補肴饌，攝生養體。在配置筵宴菜餚時，應與採供人員密切配合，選質優鮮嫩的動植物原料來製作宴上佳餚，才能保證筵宴的成功。

三、多法並舉，體現特色

不論何種筵宴，都應在用料、刀法、烹調技法、口味、質感、色澤等方面有所變化。在制定菜單時，要注意風格的統一，又應避免菜式的單調和工藝的雷同，努力體現變化的美。如果一桌菜餚中相繼出現炒雞絲、爆雞花、黃燜雞、燉雞湯，或連上三道菜都是炸菜，就會使客人感到重複、無味、單一。所以宴會菜

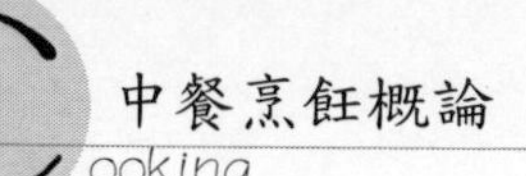

貴在一個「變」字，應當是「遠處觀花花相似，近處看花花不同」。因此，在確定宴會菜餚時，要防止口味雷同、烹調方法單調、色澤不鮮明、質感無差異的現象。在器皿的選擇上也要做好杯、盤、碗、碟、盅的合理搭配。

在調味技藝上也要體現豐富變化的風格。人們對筵宴菜品的要求，關鍵一點是對菜品口味的品評要求。一桌菜餚，口味單調無奇，激不起賓客的興趣，而清鮮濃淡巧妙搭配，能使客人留下深刻的印象。現代保健醫學認為，多吃油葷和過鹹的食品會引起高血壓、冠心病、肥胖症等病症，所以世界飲食潮流是「三低」、「兩高」（低脂肪、低鹽、低熱量；高蛋白質、高纖維素）。對於宴會菜餚的配置來說，更要特別注意，特別是高級宴會，不能重油大葷，而要清淡味鮮。在菜品味型的組配上，以清鮮為主，但也要做好各種複合味型的變化，酸、甜、苦、辣、鹹、香、鮮的不同組合，講究「淡而不薄、肥而不膩、甘而不噥、酸而不澀」，只有濃淡相宜的菜餚，才能真正受到賓客的好評。

筵宴肴饌的設置，離不開本地、本店的特色，充分展現本地、本店的特色也是菜餚制定的一項重要原則，與眾不同的地方風味和本店菜餚，具有帶來回頭客的重要意義。筵宴菜品應儘量利用當地的名特原料，充分顯示當地的飲食習尚和風土人情，施展本地、本店的技術專長，運用獨創技法，力求新穎別緻，顯現風格。不要一味地去模仿他人或其他地方的菜餚，要提倡吸取其精華，創出自己的特色。要充分發揮本店廚房設備及廚師的技術力量，制定獨特個性的品牌菜餚和創新菜餚。

第四節 主題宴會菜單的特色

宴會經營的最大賣點是賦予一般的餐飲營銷活動以某種主題，圍繞既定的主題來營造宴會的氣氛：宴會中所有的菜品、色彩、造型、服務以及活動都為主題服務，使宴會主題成為客人識別的特徵和菜品消費行為的刺激物。只有不斷創設鮮明、獨特的宴會主題活動，才能在餐飲經營中樹立自己的品牌特色、獲得最佳的經濟效益。

一、主題宴會的設計分析

（一）可供選擇的主題眾多

美食主題是餐飲所有活動所要表達的中心思想，因此，只要能體現出美食的主題都可以策劃，只是要考慮到目標顧客的感興趣程度，脫離需求的理想化主題或許能實現標新立異的目的，但因其缺乏深厚的客源基礎而無法在市場上站穩腳跟。基於此，在確定宴會主題文化時，應進行紮實的需求調查研究。一般來說，可供選擇的宴會主題大體上可以分為以下幾類：

地域、民族類的主題，如地方風味主題活動：運河宴、長江宴、長白宴、嶺南宴、巴蜀宴、蒙古族風味、維吾爾族風味以及外國風味等主題；

人文、史料類的主題，如乾隆宴、大千宴、東坡宴、梅蘭宴等以及紅樓宴、金瓶宴、三國宴、水滸宴、隨園宴、仿明宴、宮廷宴、射鵰宴等；

原料、食品類的主題，如安吉百筍宴、雲南百蟲宴、西安餃子宴、海南椰子宴、東莞荔枝宴、漳州柚子宴等；

節日、慶典類的主題，如春節、元宵節、情人節、兒童節、中秋節、聖誕節以及飯店掛牌、週年店慶等；

娛樂、休閒類的主題，如歌舞晚宴、時裝晚宴、魔術晚宴、影視美食、運動美食等；

營養、養生類的主題，如健康美食、美容食品、藥膳食品、長壽美食、綠色食品等等。

（二）強調宴會主題的單一性與個性化

主題宴會的明顯特點就是主題的單一性，一個宴會只應有一個主題，只突出一種文化特色。否則，主題不明確，容易產生混亂，場景布置也不倫不類。從原料的選用、製作方法、造型特色等方面強化某一主題的內涵，不需要面面俱到，添置些毫不相干的東西。

主題宴會的設計一方面要適應時代，另一方面要展現自己的經營特色。假如一味地模仿別人、跟在別人後面走，而不顧自己的情況，就難以形成特色，產生魅力。宴會主題的設計與策劃，就是在個性化與差異化之間尋找自己的東西，樹立自己的「特色」。其差異性越大，就越有優勢。這種差異是全方位的，菜品、原料、風味、服務、環境、服飾、設施、宣傳、營銷等有形與無形的差異都行，只要有適宜的特色和差異，就能引來絕佳的市場人氣。

二、主題宴會開發的要求

宴會主題的設計與營造在中國由來已久，在設計策劃宴會過程中，首先應明確一個獨特而切合經營實際的活動主題，這是設計的前提條件。否則，不著邊際，想到哪裡做到哪裡，就會造成經營無序或缺乏特色。在保證菜品質量、服務質量的前提下，設計和運用獨特的宴會主題活動，就有可能在行業上獨樹一幟。

（一）從文化的角度加深主題宴會的內涵

主題宴會是當今從經營的角度出發而不斷興旺發達的。但餐飲經營並不僅僅只是一個商業銷售的經濟活動，實際上，餐飲經營的全過程始終貫穿著文化的特性。在策劃宴會主題時，更是離不開「文化」二字。每一個宴會主題，都應有文化內涵。如地方特色餐飲的地方文化渲染，不同地區有不同的地域文化和民俗特色。如以某一類原料為主題的餐飲活動，應有某一類原料的個性特點，從原料的使用、知識的介紹，到原料食品的裝飾、古今中外菜品烹製特點等，進行「原料」文化的展示。北京宣武區的湖廣會館飯莊將飲食文化與戲曲結合起來，推出了的戲曲趣味菜，如貴妃醉酒、出水芙蓉、火燒赤壁、盜仙草、鳳還巢、蝶戀花、打龍袍等，這一創舉使每一個菜餚都與文化緊密相連。在戲曲趣味宴中，年輕的服務員在端上每一道戲曲菜時，都會恰到好處地説出該道菜戲曲曲目的劇情梗概，給客人增加不少雅興。

主題宴的設計，如僅是粗淺地玩「特色」是不可能得到理想的效果的。在確定主題後，經營策劃者要圍繞主題挖掘文化內涵、尋找主題特色、設計文化方案、製作文化產品和服務，這是最重要、最具體、最花精力的重要一環。

（二）宴會菜單設計緊緊圍繞主題文化

1.菜單的核心內容反映文化主題的內涵和特徵

菜單的核心內容，即菜式品種的特色、品質必須反映文化主題的內涵和特徵。這是主題菜單的根本，否則菜單就沒有鮮明的主題特色。如蘇州的「菊花蟹宴」，以原料為主題，圍繞螃蟹這個主題，宴席中彙集了清蒸大蟹、透味醉蟹、子薑蟹鉗、蛋衣蟹肉、鴛鴦蟹玉、菊花蟹汁、口蘑蟹圓、蟹黃魚翅、四喜蟹餃、蟹黃小籠包、南松蟹酥、蟹肉方糕等菜點，可謂「食蟹大全」。浙江湖州的「百魚宴」，圍繞「魚」來做文章，糅合了四面八方、中西內外各派的風味。「普天同慶宴」以歡慶為主題，整個菜單圍繞歡聚、同樂、吉祥、興旺，渲染慶祝之氣氛。

2.菜單、菜名及技術圍繞文化主題中心展開

可根據不同的主題確定不同風格的菜單，設計時考慮整個菜名的文化性、主題性，使客人從每一個菜中都能見到主題的影子，這樣可使整個宴會場面氣氛和諧、熱烈，使客人產生美好的聯想。

設計主題菜單時應考慮主題文化強烈的差異性，突出個性，而不是模仿抄襲。主題菜單只考慮一個獨特的主題，菜單的制定必須具有特有的風格。菜單越是獨特，就越是吸引人，越是能產生意想不到的效果。

（三）對主題宴會就餐環境的要求

宴會主題文化確定以後，除了進行菜單的制定以外，還要藉助餐廳的環境表現出來，尤其應重視場景、氛圍、員工服飾等方面的裝飾，以形成一種濃厚的主題文化。在服務的過程、服務的形式、服務的細節、服務標準的設計以及活動項目的組織上，均應有鮮明的主題貫穿。主題宴會應突破傳統宴會僅提供零散菜品這一概念，而提供一種「經歷服務」，把自己培植的主題文化產品奉獻給每一位就餐的客人，為他們帶來一種特殊的文化、特殊的菜品、特殊的環境、特殊的享受。餐廳在不同時候推出不同風格的主題宴會，會使得企業的餐飲經營有聲有色，風格各異，並常常給客人帶來新的、有個性的東西。

本章小結

中國筵宴從早期人類的祭祀活動開始，經歷了不同的歷史發展時期。周代筵宴菜單的出現，揭開了菜單文化的新篇章。不同歷史時期的筵宴菜單反映了不同時期的筵宴文化。本章從筵宴菜品的設計、菜品的配製，到主題宴會菜單的開發都作了系統的概括和分析，並闡述了新時代筵宴菜單設計的整體要求。

思考與練習

1.古代最具代表性的歷史名筵有哪些？各有什麼特色？

2.筵宴菜單的設計要把握哪幾個方面？

3.在配製筵宴菜品時要注意哪幾點？

4.請設計一張主題宴會菜單，並說明其風格特色。

第 8 章 中國烹飪走向未來

本章重點

進入新世紀的中國烹飪，在世界經濟全球化和區域一體化的潮流推動下，如何以獨特的民族文化個性，發揮自身的優勢，創造更加輝煌的業績，這是每個烹飪行業人員都應該思考的問題。本章重點闡述了科學技術的進步需要發揚傳統優勢，迎合時尚潮流，不斷地發展烹飪技術；一方面需要對外不斷地拓展，另一方面還需要不斷地自我完善，以飽滿的姿態走向美好的未來。

內容提要

透過對本章的學習，要實現以下目標：

●瞭解烹飪生產方式的突破與發展

●瞭解烹飪生產標準化的實現思路

●瞭解烹飪發展的未來方向

自1980年代中期以來，經濟全球化在世界經濟的各個領域得以迅速發展，世界各國經濟的相互滲透和相互依賴已成為當今時代的重要特徵。貿易自由化使得餐飲業面臨的競爭環境從以前單一的中國國內市場演變至今天的國際市場及國際市場國內化，而不再僅僅是單純的國內競爭。

在激烈競爭的態勢下，中國烹飪怎樣更好地走向國際大舞台，發揮自身的優勢，成為每個烹飪工作者必須關心和關注的問題。我們應該認識到全球市場的開拓對烹飪技術和企業可持續發展的重要性。

第一節 中國烹飪技術的發展

當今時代，世界各國的經濟文化交流比以往任何時代都來得廣泛、密切和深刻。處在這樣一個時代，中國傳統的烹飪文化無疑也會發生很大變化。在繼承傳統的基礎上不斷變革和創新，已成為中國烹飪界研究的新課題。

一、烹飪生產方式的演進

隨著開放的不斷深入，中國的烹調師不斷地走出國門，外國的飲食方式也不斷地湧進中國市場。中國傳統的烹調技術在外來飲食之風和烹飪技法的影響下，潛移默化地發生著變化。

（一）烹飪生產製作的演化

1.中央廚房集中生產保證了菜品的製作質量

隨著科學技術和生產力的發展，食品機械大量地走進了現代化的廚房，半機械、機械和自動化機械生產成為當今廚房生產、加工的主要特色。受西方快餐公司中央廚房生產的影響，飯店利用中央廚房的生產加工使烹飪操作規模化、規範化、標準化，既減輕了手工烹飪繁重的體力勞動，又使大量的食品品質更加穩定。如今，中國國內的大型旅遊飯店、連鎖餐飲，都已陸續地採用中央廚房操作的方式。許多大飯店以及一些連鎖餐飲企業，已在廚房裡或另闢一個「原料加工中心」，將本企業大大小小的廚房原料加工的工作全部承擔下來，每天統一備貨生產、統一領料、統一配發，這樣既節省了各廚房的生產時間、減少了各崗位加工人員、統一了規格、保證了質量、降低了損耗，也方便了廚房的內部管理。

從肯德基的成功之道可以看到，烹飪的工業化程度決定著餐飲業發展的規模。肯德基採用了電控技術和壓力鍋技術，保證所有的產品都有同樣的口感。其工業化設備對產品所需的溫度、火候等因素把握得毫釐不差。餐飲烹飪標準化生產，已成為各地餐飲企業的生產發展方向。

2.筵宴菜點的數目隨著宴會層次的提高而逐漸減少

在全國各地的飯店、餐館的經營中，往往價位低的普通筵席，菜品的數量偏多，如婚宴、壽宴和一般請客，人們希望餐桌上堆滿菜品，以顯示氣派、富足。相對於高檔次的宴請活動，由於就餐者素質相對較高，菜餚價位較高，高檔原材料比較多，食用者往往以交際、享樂為主，因此並不注重菜品的數量，而且實行分餐制，每人一份，吃一盤清理一盤，高檔原料1～2道，再配上幾道粗糧雜糧、營養價值豐富的菜品即可。

高檔的宴請活動，菜品的數量不在其多，而在其精、在其雅。在接待過程中，經營者應考慮和注重賓客食量的需要，從營養平衡、分餐進食的方向去設計布局。在酒水運用上，鮮果汁、葡萄酒、礦泉水等越來越受到顧客青睞，而傳統的烈酒在許多高檔的餐飲場所銷售量正逐漸減少。

3.對餐具的要求更注重品位和特色

佳餚與美器的合理搭配，可使整盤菜餚錦上添花，熠熠生輝，給人留下難忘的印象。美器伴隨著美食的發展、科學文化藝術的進步而日臻多姿多彩。

而今的餐具從其質料來看，有華貴的鍍金、鍍銀餐具，有特色的大理石盛裝器，有現代風格的鏡面和不銹鋼食器，有取材簡易、造型別緻、經過藝術處理的竹、木、漆器，有傳統的陶器、瓷器。就其風格來說，有古典的、現代的、傳統的、鄉村的、西洋的等多種。

各種異形餐具不斷發展，如吊鍋、石鍋的運用。燉盅的演變更加豐富多彩，在造型上有無蓋的盅和有蓋的盅，有南瓜型湯盅、花生型湯盅、橘子型湯盅等，在材質上有氣鍋型湯盅、竹筒湯盅、椰殼湯盅、瓷質湯盅、沙陶湯盅等，以及「燭光燉盅」，上面是燉盅菜品，下面點燃蠟燭，既有保溫作用，又有點綴作用，增加了就餐情趣。

4.菜品的盤飾以衛生、簡易為前提

進入21世紀，菜品的裝飾又進入了一個新的天地。過於繁複、畫蛇添足的「盤飾」以及「巨型菜」已漸漸被人們所擯棄，特別是不講衛生的、滲入菜餚內部的裝飾物；一種優雅得體、富含藝術性的、與菜餚相隔離的裝飾方法已進入菜品盤飾之中。

貨真價實、口味鮮美的菜餚，配上雅緻得體、清潔衛生、簡易可行的盤邊裝飾，可使菜餚富有生機，就像美麗的鮮花與映襯的綠葉一樣。菜盤裝飾的目的，主要是增加賓客的食趣、雅趣和樂趣，得到物質與精神的雙重享受。有時在一些特殊場合，根據菜餚的特定位置，適當地添加一定量的既可食用、又可供欣賞的藝術裝飾品，不但形美、意美，增加感染力，還可刺激食者的食慾。

適當地裝飾可以給普通甚至呆板的菜餚帶來一定的生機；和諧的裝飾可以使整盤菜餚變得鮮豔、活潑而誘人食慾。在裝飾物衛生的前提下，可使盤中菜餚活潑、生動，沒有單調感，並且色彩美觀。合理、優雅的盤飾包裝，不僅可提高菜餚的出品質量和餐廳的整體形象，使菜品形美、意美，增加感染力，還可更好地刺激就餐者的食慾。

（二）兼容善變的製作風格

當今時代，世界各國的經濟文化交流比以往任何時代都來得廣泛、密切和深刻，處在這樣一個時代，烹飪文化無疑會發生很大的變化。繼承傳統、不斷變革和創新已成為中國餐飲文化的主要特色。

1.改良創新菜的風行

隨著餐飲業的競爭白熱化，許多經營者把注意力放到菜品的質量和品種翻新上。一些新、奇、特、怪的消費趨勢對餐飲業生產提出了更高的要求，迫使廚師的創新意識開始增強。1980年代以後，一股「國菜交融、外菜引用」的菜品製作之風席捲中國國內大地，交融、改良、創新使得各地廚師沿襲下來的傳統保守的「守宗」意識逐漸開始淡化。全國各地方風味菜系之間相互學習、取經、借鑑、改良的風氣興盛。這期間全國各地湧現出一大批創新改良菜，許多烹飪報章雜誌也專闢「創新菜」欄目，改良的創新菜成為餐飲界十分關注的焦點。

改良菜不是從無到有的完全創新菜，也不是照搬、仿效別人的仿製菜，而是取各家之長，在汲取傳統精華的基礎上，又大膽引用外系外派的菜品。它就是廣東菜系幾十年前的製作風格，即「集技術於南北，貫通於中西，共冶一爐」。也就是近幾年人們提出的「迷宗菜」。改良菜的興盛，是社會發展、科技進步、交通發達、訊息流通的結果。

近幾年來在全國各地興起的「新潮粵菜」、「新派川菜」、「新創蘇菜」、「新款魯菜」等，實際上也就是傳統菜的改良，這種改良是廚師烹調技術綜合性的表現，是時代的需求，是博採眾家之長的結果，是以創新的思想和製作方法適應消費者需求的體現。

2.複合調味汁的應用

中國的調味技術比較固守傳統，過去，一個廚師一輩子只做一種風味菜系的菜餚，這種局面已滿足不了當今經營的需要。近些年來，各地除保持傳統特色風味以外，烹調技藝上的互相匯串和菜餚風味上的互相滲透，使粵、川、京、蘇、魯、閩、浙、滬等諸種風味流派兼容並蓄，並在西方飲食的影響下，演變化解為一種全面而獨特的風格，這種風味，正是眾藝結合、中外並舉的調味技藝。

在烹調製作中，許多廚師還吸收西餐烹調之長，特別是廣東廚師，在菜餚調味中大膽借鑑西餐複合調味汁製菜的特點，並根據中國菜餚製作的特點加以發揮，調製成新的味型和沙司。這些複合調味汁的運用既方便快捷，統一了口味，又保證了菜餚風味和質量，為餐飲業帶來了較好的經濟效益。

廣大廚師使用和推崇的「複合調味汁」，有許多是根據中餐菜餚傳統的固定味型加工調製成的，還有一些是各地廚師根據本地方特色，吸收外來調味的優點配製的，這些由幾種不同的調味品按一定比例調配在一起，製成的不同用途、不同風味的複合味型，使中餐菜餚產生了新的風味。這些複合型味不僅用於菜餚烹汁入味，而且可以使菜餚澆汁出味和蘸汁補味。

目前，各地廚師使用的西式調料也很多，如辣醬油、番茄沙司、辣油沙司、辣根沙司、芥末沙司、酸辣汁、燻烤汁、咖哩醬、炸烤汁以及黑胡椒粉、桂皮粉、大蒜粉、香草等，這些調料使用起來亦十分方便。適當使用了這些西式調料的中式菜餚形成了中西合璧的風格特色。

3.「脫骨菜」與分餐制的湧現

傳統中國菜的許多菜餚往往是帶骨一起烹調的，這些菜品的共同特色是骨香肉美、酥爛脫骨、造型完整。如油淋仔雞、清燉雞、烹子鴿、香酥鴨、京蔥扒鴨、丁香排骨、腐乳排骨、糖醋鯉魚、清蒸鱖魚、荷包鯽魚等等，都是連骨一起上桌的。而今，在一些高檔宴會和外事接待中，其菜餚製作都進行了適當的改良，儘量不用帶骨的菜餚；對於一些傳統特色菜餚，在加工製作中先將其去骨，用的是西餐菜餚加工製作的方法。在四五星級的高檔飯店，在重要的宴會場合，飯店廚師已有意識地將一些原料的骨頭提前去掉，並保持形態的完整，以方便參加宴會的人員食用，避免人們無法食用所造成的浪費。

隨著社會的發展與文明的進步，宴會中的集餐現像已逐步地減少，「各客菜」分餐制，已在較多的宴會接待中使用。在西方飲食文明的影響和中國政府飲食改革制度的號召下，目前許多飯店已注意到飲食方式的改良，提倡「單上式」、「分食式」和「自選式」，利用公筷、母匙，杜絕了相互汙染和疾病傳播的可能。高檔宴會實行「各客菜」和分餐制，不僅使宴會的服務檔次提高，也使中國的餐飲活動步入了文明、健康的發展軌道。

二、時尚美食的推廣與更新

隨著不斷地更新和開發，食品越來越多種多樣和五花八門。一些「未來食品」和「新潮吃法」已悄然出現。

（一）食素之風

當今素食的盛行，是由於很多研究證實，素食者都遠比肉食者健康。素菜不僅營養豐富，含有大量的維生素、礦物質、有機酸、蛋白質、醣、鈣等，能調節人體器官的功能，增強體質，而且還具有一定的醫療價值。目前，歐美各地，素食幾乎成為大眾飲食風尚。

近幾年來，隨著中國以素食為主的飲食養生觀優勢逐漸顯露，西方國家也先後颳起了中國飲食之風。歐美一些國家的專家們提出：多吃穀物和蔬菜，少吃脂肪和油膩奶製品，向中國人的膳食結構看齊。在1980年代，歐美專家對中國130個農村地區的營養、健康與環境進行研究後得出結論：傳統的中國農村膳食結構優於美國。

中國營養學家認為，凡是以五穀雜糧和蔬菜為食，可使人的血液保持在正常偏鹼性的狀態，從而保證了人體健康。

目前，中國內外時興的森林蔬菜、海洋蔬菜，已成為人們餐桌上的佳餚。這些生長在山區、森林、田野、海洋中的蔬菜，無環境汙染，營養豐富，並且具有較高的醫療保健價值，現已成為海內外風行的素菜珍品。

（二）花卉美饌

長期以來，人們通常用鮮花來布置和美化環境。然而，近幾年來，越來越多的鮮花被人們加工成鮮花食品，登上了宴席、餐桌。

中國先民將花卉入饌的歷史可追溯到先秦時期。屈原在《離騷》中記有：「朝飲木蘭之墜露兮，夕餐秋菊之落英。」《楚辭・九章》中記載：我栽種川芎，又培養菊花，想搗成香料，以燻乾糧。中國地大物博，蘊藏著豐富的花卉資源。先民在觀賞、採集和栽培花卉的過程中，逐漸認識了各種花卉的性狀和食用、醫療價值。

宋代林洪《山家清供》所收錄的金飯、蓮糕等花饌，就有數十種之多。之後，古人用花卉做的肴饌越加豐富多彩了。明代高濂的《飲饌服食箋》以及清代顧仲的《養小錄》等著作中，均收錄了大量用花卉做肴饌佳點的方法。

中國花饌盛行於唐宋，延續於明清，至今在中國的各大地方菜系中，花卉入饌仍有跡可循。比如魯菜的桂花丸子、白蘭炒雞；蘇菜的桂花糖藕、玫瑰方糕；粵菜的菊花鱸魚、芋花茄子。另外，鮮嫩的蓮花和肉爆炒，名叫蓮花肉，是盛夏一道美味的時令菜。筍湯中加入茉莉花，即成醇香醉人的茉莉湯。就連南瓜花，也能做成外形美觀的「油炸金魚」。福建一帶則常將木槿花拌入麵粉、蔥油，美名曰「麵花」，煎後鬆脆可口。其他如杜鵑花、　子花、迎春花、藤蘿花、杏花、文宮花等也可食用，味道甘甜，清香爽口。

在菜品中配上各色花卉，不僅為菜品增加了不少的香氣，而且為菜品增添了新的功效，不少鮮花食品是很好的健康食品。一些專家認為，未來的鮮花食品市

場還將進一步擴大。

（三）茶葉美食

茶，起源於中國，中國古時就用茶來宴請賓客，稱茶宴、茶肴。在唐代，茶菜是作為宮廷膳肴而專供達官貴人享用的。

茶之所以受歡迎，是因為它不僅含有豐富的營養成分，而且有著重要的醫療保健價值。近幾年來，研究人員還確認，茶葉中的茶多酚與多醣均具有抗輻射的效應，稱之為「原子時代的高級飲料」。

近年來，中國國內餐飲界的一些高廚名師利用茶葉的特有風味挖掘和創製出許多美味茶肴。在上海，許多烹飪大師有意識地到各地採集走訪茶農，翻閱茶譜，創製茶肴。如今，茶菜在上海餐飲界遍地開花，有80多家食府先後隆重推出一百多個茶菜和各式茶宴。

茶菜、茶宴的「異軍突起」，是中國飲食文化與茶文化交融匯合的一大成功，是傳統與創新的完美結合。在上海的茶宴上，首先，茶藝小姐從煮茶水開始，向來賓講解泡茶知識。隨後，便是貝酥茶鬆、雙色茶糕、烏龍順風、觀音（茶）豆腐、碧螺（茶）腰、茶葉鵪鶉蛋、旗槍（茶）瓊脂、紅茶牛肉等色、香、味、形俱佳的茶菜冷盤。熱炒菜則有太極碧螺春羹、紫霞映石榴、茶香鴿鬆、烏龍燴春白、紅茶燜河鰻等。最後助興的功夫茶則有消積食、去油膩的作用。

蘇州人也把茶、食兩類文化有機結合，創製了茶肴宴。客人入席先品碧螺春。開宴後，服務員遞上一杯茶酒。繼而，芙蓉銀毫、鐵觀音燉鴨、魚香鰻球、龍井筋頁湯、銀針蛤蜊湯等茶肴相繼擺出。各式菜餚四周點綴著鮮紅的櫻桃、青翠的甜椒、淡黃的橙片，不僅造型新奇，而且色澤美觀。以茶葉、茶葉條為配料的玉蘭茶糕、茶元寶，亦風味頗佳。在中國大飯店夏宮餐廳，推出的茶肴有龍井浸鴨胸、普洱茶香雞、貢菊水晶卷、碧螺春曉、毛峰菜苗浸魚腐等，都博得了品嘗顧客的青睞。

（四）昆蟲食品

昆蟲食品，資源豐富，味道鮮美，富有營養。據研究，昆蟲的肌肉與血液含有豐富的蛋白質和脂肪，許多昆蟲的蛋白質含量超過畜禽肉的蛋白質含量。例如蟋蟀和水虱的蛋白質含量達75%，蝴蝶達71%，乾螞蟻達60%，蜜蜂達43%。此外，昆蟲肉纖維很少，味道鮮美，其營養成分容易被人體吸收。世界上有500種昆蟲可以食用，昆蟲食品在許多國家裡十分流行。

以昆蟲為食，中國古已有之。北魏《齊民要術》中就有「蟬脯菹」的記載，即以「知了」的脯肉做菜。宋陸游在他的《老學庵筆記》中也有「蟻子醬」（用螞蟻的卵做肉醬）的記述，往前追溯，甚至早在兩千年前成書的《周禮》中就有人食螞蟻的記錄。當時，在祭祀食品中有叫做「蚳」的菜，即是螞蟻製的食品。

而今，天津人喜歡吃油炸螞蚱；浙江一帶人愛吃火燒或油炸的蠶蛹；廣東人則喜歡吃「龍虱」；閩廣地區居民常用蚯蚓做餡、做湯；近幾年來，鄭州等一些高檔飯店又推出一道「炸全蠍」的名菜，色香味俱全；雲南大理地區，時興油炸蝗蟲。許多昆蟲透過精心烹製都可以成為餐桌上的美味佳餚。

昆蟲不僅營養價值高，而且藥用價值亦高。中國把昆蟲作藥用，早有文字記載。李時珍的《本草綱目》中就記述了106種之多，而且十分詳盡。如僅「蝸牛」一項，就記載了18種蝸牛的不同藥用功能，可治紅白痢疾、脱肛、痔瘡、皮炎、痱子、無名種毒、小兒遺尿、腮腺炎及暑熱病等。

昆蟲具有繁殖快、飼養成本低、適合工廠化生產等特點，因而昆蟲食品有著廣闊的發展前景。據科學家預測：它們將很快成為人們最喜歡的食物之一，出現在人們的餐桌上。然而，昆蟲畢竟模樣醜陋，令人難以下嚥。為此，科學家們正在想方設法，從昆蟲中提取蛋白質或脂肪，摒棄其中不良部分，然後加進各類食品之中去，讓更多的人吃到風味佳美、營養豐富、模樣喜人的昆蟲食品。

（五）藥膳佳餚

藥膳是用藥物與食物相配合，透過烹調加工，成為既是藥物、又是食物的美味佳餚。它具有保健強身、防病治病、延年益壽的作用。藥膳是中國醫藥與烹飪兩學科相結合的一枝奇葩。而今，一場全球性藥膳食品浪潮正在形成。全球用藥膳食品防病治病、營養健身的人已達5億多人，健康與飲食的關係越來越受到關

注。男人壯陽、女人補血、小孩健腦、老人安神的養生食品，成為新的消費熱門。

「藥食同源」，是中國古代醫學界一句名言。從中藥學與烹飪學的歷史可以看到，最早的藥物都是食物。中國醫學很早便與飲食結下了不解之緣，最早的醫療方法，正是飲食療法。

中國藥膳具有悠久的歷史。中國第一部藥物學術專著《神農本草經》，記載了既是藥物又是食物的許多品種，如薏仁、大棗、芝麻、葡萄、蜂蜜、山藥、蓮米、核桃、龍眼、百合、菌類、橘柚等，並記錄了這些藥物有「輕身延年」的功效。元代編寫的《飲膳正要》是一部藥膳專著，書中介紹了藥膳菜餚94種，湯類35種，抗衰老藥膳處方29個，以及各種肉、果、菜、香料的性味和功能。明清時代在藥膳的烹調和製作方面，有很多發明創造，如《本草綱目》、《遵生八籤》、《食物本草》、《食鑒奉草》等中均有記載。

現今，藥膳菜品、藥膳罐頭、藥膳糖果、藥膳糕點、藥膳飲料等各種「抗癌」、「健胃」、「補腎」、「生精」的食品備受人們歡迎，一些餐館推出藥補食品高價走俏。中國藥膳不僅在中國和港澳及東南亞身價見漲，而且在海灣地區和許多西方國家也頗受青睞，日本、德國等都欲與中國聯合開發，使中國藥膳更好地為人類健康長壽造福。

第二節 推介新的中華飲食觀

中國傳統飲食「養助益充」的膳食結構在2000多年前就已經出現並定型了，它的養生作用，也得到了西方許多國家的讚許和認同。中國傳統的膳食是一個整體的符合養生要求的「食物結構」。中國國務院1993年第220次總理辦公會議審議通過了《九十年代中國食物結構改革與發展綱要》，指出：「從整體上看，中國人民長期以來形成了以糧食為主，搭配適當蔬菜和肉食的膳食結構，這種基本的食物結構將在今後較長時期存在下去。」但是，也指出了：中國人民的食物消費水準剛剛跨越溫飽線，食物消費基本還屬於「高穀物膳食」類型，總體營養水準還很低。動物性蛋白質所占的比重仍然明顯低於世界平均水準，也低於亞洲和發展中國家平均水準。食物結構在今後的發展，首先在於食物觀念的轉變，要由傳統的食物觀念向現代食物觀念轉變，要由不合理的消費習慣轉向科學、文明的膳食消費。

一、發揚傳統烹飪文化優勢

在當代烹飪發展過程中，烹飪工作者有責任和義務透過自身的努力，在營養、衛生、科學、合理原則指導下，創製出更多更好的菜餚、點心和各類營養、保健、益智、延衰的食品來，滿足人們多樣化的食物消費需要和時代的需要。

（一）展現民族烹飪文化特色

中國烹飪在漫長的歷史進程中創製並積累了大量的菜、點製作的工藝技術，形成了嚴密的工藝流程。中國烹調善用火候，從而產生了眾多的烹調法。以烹飪發展的幾大階段為依據，可歸納為「烤、煮、炸、炒、拌」五原法，在此基礎上又細分出100多種的基本烹調法。烹調法的實質，主要在於對熱能的運用。火力的大小、強弱，用火時間的長短、間歇，以及不同的操縱火的方法，產生不同的加熱效果，從而構成若干加熱的烹調法。特別是發明於2000年前的「炒」法，更是為中國所獨有，它能達到烤、煮、炸等烹調法難以產生的滋養效果。現在「炒」法已引起不少國家烹飪界的興趣，連同中國特有的「蒸」法，正在逐步被外國烹調師加以運用。

中國烹調法的效果在於賦色、定型、增香，還反映在滋感、風味和養生三方面。加之運用火候時，常常配合使用掛糊、上漿、拍粉、勾芡、淋汁等技法，可使菜品形成酥、脆、柔、嫩、軟、爛、滑、糯、挺、韌等不同的質地，令人產生口齒舒適的觸覺感受。滋味感受的多種多樣，是中國烹飪有別於其他國家烹飪的又一獨特之處。

（二）以養生保健為特色顯現中餐風格

中國烹飪的養生保健特色是聞名世界的，早在《黃帝內經》中，我們的先人就指出了「五穀為養，五畜為益，五果為助，五菜為充」的膳食結構；中醫學也提出「陰陽平衡，肺腑協調，性味和諧，四因施膳」等理論，可見中餐歷來講究營養均衡。《壽親養老新書》曰：「人若能知其食性，調而用之，則倍勝於藥也。」在中醫和膳食的研究中，當時的人們發明了神奇的食療和藥膳。在這方面，中餐有著西餐無可比擬的優勢。開發傳統養生菜品，繼續譜寫中國飲食文明的輝煌，中餐在21世紀極有可能成為「智慧飲食」的主流。

二、設備更新走向廚房現代化

進入21世紀，中國烹飪顯示出蓬勃發展的趨勢，傳統菜點推陳出新，餐飲市場呈現出五彩斑斕的景象。廚房設備和用品在現有的基礎上，正朝著高技術化、多功能化、綜合化、節能化、智慧化、實用化、小型化、裝飾化等方面發展。

（一）採用現代設備擺脫手工勞動

現代廚房與過去相比，由於廣泛採用了新設備、新材料、新能源和新技術，在環境衛生、勞動強度、能源灶具、飲食用具等方面都發生了巨大的變化。

傳統的廚房工作，基本上依賴於廚師的手工操作，而現代廚房把繁重的手工勞動交給機械設備來完成。機械設備讓廚師不需再不斷地重複單調的手工操作，使他們有精力在加工技術上積極探索，創造出不同凡響的品牌風味來。

廚房設備的科學化，方便了廚房生產，減輕了烹調人員的勞動強度，改善了廚房的衛生環境，又提高了菜點食品質量、勞動生產率和經濟效益。代表性的廚房機具如，蔬菜清洗機、切菜機、剁菜機、切片機、絞肉雞、魚鱗清洗機、和麵機、饅頭機、餃子機、攪拌機、電炒鍋、電煎鍋、多功能蒸烤箱、調溫式油炸鍋以及自動抽油煙機、旋轉式炒菜鍋、自動化碗櫥、雷射廚刀等等。

（二）高科技為廚房錦上添花

廚房現代化的重要標誌便是大量地運用高科技和新技術產品。目前，中國廚房主要應用的現代新技術有防腐劑、人工香精等生物技術；微波加熱、超聲波乳化等物理技術；用於自動化操作設備的數控電控技術；電腦CAD技術等多媒體技術手段。此外，現代廚房中的新技術產品也很多，如在廚房設計中應用的集成化電路CAD廚房設計軟體，這種軟體被譽為廚房工程設計專家，它將CAD技術應用到廚房設計中，完成設計繪圖、效果圖製作、設備管理及預算等一系列設計過程。再如濾汙防燃的遠水煙罩，它除了具有一般排煙罩的排抽油煙作用以外，還可以對所抽油煙進行過濾吸收，既避免了廚房中的油煙廢氣汙染環境，又消除了油煙在排煙管道上黏附造成的火災隱憂。隨著科學技術的日新月異，應用到廚房中的新技術產品會更加豐富多彩。

三、烹飪生產與標準化的實現

中國烹飪輝煌的歷史是在長期的農業社會中創造的，是中國古代高度發達的農業文明的產物。但是，到了現代工業社會，中國烹飪便在一些方面顯現出自身的不足，如菜點製作隨意性強、成品質量不穩定，難以利用機械實現工業化、規模化生產，嚴重影響了中國烹飪的快速發展。因此，烹飪的標準化、產業化已成為擺在我們面前的重要課題。這是中國烹飪走向未來急需探討和解決的問題。

要實現保證一個產品長期穩定的質量，就必須有一套嚴格的標準。從烹飪技術生產來講，西方烹飪尤其是西式快餐廣泛利用機械實現工業化、規模化生產，菜點製作標準化，產品質量穩定，是值得我們學習和借鑑的。

實現產品的標準化，有許多工作是我們要完成的，如原料標準、烹飪技術與工藝標準、加工工具與設備標準、計量標準、成品質量標準與評價標準等的制定，都是我們應完成的基礎工作。

（一）原料標準的制定

原料是食品加工製作的基礎，從原料的採購、運輸、儲存，到原料的選擇、粗細加工、烹調的每一個環節，都會影響食品的質量。食品原料質量標準的內容包括品種、產地、產時、規格、部位、品牌、廠家、包裝、分割要求、營養指標、衛生指標等方面。這些方面的不同都直接影響著成品的質量，因此必須首先制定原料的標準。

根據原料的使用情況，其標準應該具體分為原料的規格標準、清洗標準、搭配標準等。制定標準，必須在進行較大規模的統計調查基礎上，得出原料在品種、質量、等級、比例、營養成分等方面的準確指標，然後再根據菜點的風味、營養等要求認真制定相應的原料搭配標準。

（二）烹飪工藝標準的制定

烹飪工藝的標準要根據某一菜品的生產工序，分別做好分階段的工藝指標。需要烹飪經驗豐富的專業技術人員對菜品的烹調方法、口味特點等多方面進行定量分析，進一步明確和制定菜品製作的工藝流程，並經反覆實踐後，制定衛生指標、微生物理化指標等各個方面的產品質量標準手冊。

在制定過程中，根據其流程可分為半成品加工和成品加工兩部分。半成品加工的標準是指對烹飪製作中的切割、漲發、醃漬、上漿、掛糊等工藝進行必要的參數額定，以制定相應的標準。成品加工標準則包括熟製處理、感官效果等，如油溫的控制、加熱時間的長短、火力的大小、質地口感要求等，都應有一個穩定的標準指標，以保證產品質量穩定性。

（三）用具與設備標準的制定

品牌菜品的生產，如果沒有定型的標準化生產設備，只使用傳統的手工操作，就不可能形成生產的規模化和標準化。對於一些傳統名菜來說，若只單純地機械化操作，也可能失去名菜的風味特點，因此在實踐中，應透過摸索、嘗試，尋找出傳統手工操作與工業機械化操作相結合的方法。

加工工具與設備包括炊具、刀具、器械、設備和盛器等。這個標準相對比較容易制定。因為中國目前在食品機械、食品保藏、包裝機械和工藝、廚房設備和用具上都有很大成就。現代化的機械設備為標準化的產品製造提供了良好的條件。

（四）成品質量標準的制定

制定質量標準是保持菜點質量的穩定和風味特色的前提。因此，應對成品的質量要求作出具體規定，如口感的鬆脆度、口味的輕重等。菜品的質量標準主要包括可食用性、安全性和感官質量標準，也包括用量、價格等標準。感官質量標準要充分反映出菜品自身的特色，並進一步細分為質地、質感、色澤、形狀、滋味等方面的標準。在制定菜品的這些標準時，首先應對菜品進行系統的整理和研究，找出最佳的方案作為尺度，以確保成品質量達到最優效果。

第三節 走向世界的中國烹飪

加入世界貿易組織對中國的餐飲業來說，不僅意味著外國投資者走進中國的餐飲市場，爭奪我們的客源，也意味著更多的市場機會，為中國的飯店、餐飲企業擴大業務量和經營規模提供了發展的契機。

一、將餐館開到外國去

美國《國際先驅論壇報》1997年9月發表文章說，經濟全球化將給世界經濟帶來深刻變化。文章認為，今天在世界經濟中有一些力量正在作用，它們將打破各國市場之間的壁壘，最終導致各行業按照真正的全球方針徹底改組。這些力量分別是：數十萬億美元的國際流動資本在全世界尋找有利可圖的投資市場；各國取消管制條例，可供各國企業競爭的市場舞台有了很大的擴展；點腦和通信方面的技術革命壓縮了時間和空間對訊息的阻隔，從而給競爭增添了新的經濟因素。文章最後下結論說：世紀之交正是一場為期50年的不可逆轉的世界經濟變革的開端，站著不動意味著落後。如果沒有全球思維，就有被淘汰的危險。

（一）進入外國的中餐風格

中國餐飲進入國外市場，其主要的接待對像是外國當地人和海外華人，「迎合當地顧客」是其經營的宗旨，由此，保持中國餐飲菜品的製作特色，又兼顧到當地人的飲食習慣，這是國外中餐經營的最主要的方向。因此，國外中餐在保持傳統特色精華的基礎上，還需要進行必要的改良，最好能展現「中外合璧」之特色。特別是外國人不喜歡的東西要堅決剔除，而不能一味地把持著「正宗」，我們選擇的是在「正宗」的基礎上外國人能接受的東西。

餐飲服務中的上菜程序也應符合外國當地人的習慣。如西方人要求菜餚的上菜順序為「頭盆（前菜）、湯、熱菜、雪糕、水果」，與西餐格調一致。頭盆一般為乾性的菜點，習慣是點心或冷菜，如燒賣、春捲、蝦餃、蟹鉗、扒大蝦、炸蝦球、麻辣雞絲等。

為了迎合西方人使用刀、叉的習慣，在原料加工中，一般將各種葷素原料的片、絲、條等形狀加工得較厚、較粗，主要是方便人們進餐，便於靈活取食。菜餚製作一般需要脫去大小骨刺，這與傳統中餐帶骨烹調、講究骨香肉美、酥爛脫骨、造型完美的特色是相悖的。帶骨的菜，外國人不喜歡，還不便於刀叉進食，食用時嘴裡還會發出聲響，顯得不夠雅觀，故應一概剔除骨頭。

去海外經營中餐，菜餚口味除選用傳統中餐調味品以外需增加外國人愛食用的調味料和調味味型，如奶油、檸檬汁、咖哩、黑胡椒、葡萄酒、沙拉醬等西式調料。為了投其所好，許多菜口味應作適當的調整。中國菜的甜酸味、鹹甜味、鹹鮮味、麻辣味、魚香味、荔枝味、甜辣味等，外國人喜歡的應保留，並迎合各地的情況，對味型的用料作適當的調整，使其更能夠滿足當地人的口味。

（二）入鄉隨俗，顯現特色

外國人很喜歡中國菜，但是到海外去經營中餐一般還須注意以下幾個方面：

1.菜品烹調講究清淡

西方人比較重視去餐館就餐這一活動，十分講究餐廳的氣氛和情調。他們不喜歡過於濃膩，講究清淡，注重營養的配置，對色調雅淡、偏重本色的菜點特別喜愛。所以，注意不用不必要的裝飾，忌大紅大綠，菜餚要追求一種高雅的格調，摒棄有損於色、香、味、營養的輔助原料，否則很難招徠回頭客。

2.菜餚製作需略施湯汁

西方人要求菜餚帶有湯汁（沙司），就是人們通常所說的湯湯水水。西方人愛吃燴菜，中國的炒菜到西方需要多加些湯汁，即使是燒烤油炸之品，也要配上一個沙司碟，或是甜汁，或是蔥汁，或是甜辣汁，或是甜鹹汁等。因為西方人在吃菜前先喝湯潤口，而到最後吃飯時就依靠菜餚中剩下來的湯汁泡飯吃。這是西方人乾稀搭配的一種飲食習慣，也是人們經常所說的最後用麵包蘸湯汁吃完的情況。

3.口味以甜酸、微辣為主體

西方人的口味除了要求菜餚清淡爽口之外，在風味上最喜愛吃的是甜酸類菜餚，不少西方國家還愛吃微辣菜餚。番茄醬、番茄沙司是西方餐飲業用量較大的調味料，許多菜餚的湯汁都要用番茄醬調配，口味較好的番茄沙司可以直接做菜和蘸著吃。另外白糖、白醋用量也較大，像中餐的咕咾肉、甜酸魚片、荔枝肉、檸檬雞、茄汁大蝦、菊花魚、麻婆豆腐、魚香肉絲、宮保雞丁等，甜酸或略帶辣味，西方人十分愛吃。

4.酥香菜品備受歡迎

在製作菜餚的烹調方法中，歐、美、澳等地的人很看中燒烤、煎炸、鐵扒、焗燴類。他們對北京烤鴨、香酥鴨、叉燒、扒大蝦、松鼠魚、脆皮蝦、煎牛柳等很喜歡，而對煮、蒸、燉、焐類菜餚感覺比較一般。燒烤、鐵扒、油炸之法是西餐製作中的主要方法，他們主要是愛它獨特的酥香風味，像中國的小吃春捲，幾乎是每個嘗過的外國人都稱讚不已。

二、走科學化、營養化發展之路

客觀事物總是不斷地運動、變化、發展的，面對世界烹飪發展的速度和潮流，以及中國人民文化生活水準的不斷提高，我們應該看到，中國烹飪和中國菜品雖有悠久的歷史，但也有許多亟待解決的問題。最突出的是：中國烹飪科學理論尚待研究整理，中國菜品的飲食配膳與營養價值的分析研究還不夠深入，行業人員的食品衛生安全意識還有侷限，等等。進一步提高中國烹飪的水準，維護中國烹飪在世界烹飪中的崇高地位，這就需要將中國烹飪的傳統技藝與現代科學相結合。中國菜品的製作，在重視色、香、味、形的同時，更要特別重視食品的安全衛生和食品所含的營養素，要從實際與可能出發，根據不同人群的各種營養需要和最佳吸收量，合理配膳，對宴席菜品的烹製也應該科學配餐、合理引導，實行科學膳食，以增強全體國民體質。

我們所提倡的注重食品的營養價值，並不是要選擇富含營養的精良原料，而是強調在現有的基礎上，注重食品營養素搭配協調合理、加工工藝合理，這樣就可以提高現有原料的營養價值和現有原料中營養素的利用率，使營養學從單純研究食物養分的狹隘觀點中跳脱出來。另外，講究營養不是片面地要人們吃得「好」，而是要人們吃得科學合理。

中國烹飪，要在繼承傳統的烹飪技藝的基礎上，吸收國外先進的烹飪經驗，與現代科學結合起來，以科學飲食和合理營養為前提，保證菜品的安全、衛生、營養、質地、溫度與色彩、香氣、口味、形狀、器具的完美統一，保障和提高中國人民的體質。

飲食科學化，是人類社會文明發展的必然趨勢。中國烹飪的發展，必須走科學化、營養化的道路，才能永保中國烹飪的光彩，躋身於世界烹飪強者之林。

本章小結

本章從社會發展的角度闡述了烹飪技術的發展帶來的變化以及如何面對未來發揚傳統烹飪文化優勢，走科學化、營養化之路，將是未來烹飪發展的必經之路。

思考與練習

1.根據現代市場的特點，談談烹飪生產方式發生了哪些變化？

2.中國傳統烹飪文化有哪些優勢？

3.餐飲經營中，如何實現烹飪生產的標準化製作？

4.在烹飪發展日新月異的今天，如何興利除弊、完善自我？

國家圖書館出版品預行編目(CIP)資料

中餐烹飪概論 / 邵萬寬 編著. -- 第一版.
-- 臺北市 : 崧博出版 : 崧燁文化發行, 2019.02

面； 公分
POD版
ISBN 978-957-735-656-7(平裝)

1.烹飪 2.中國

427.8 108001805

書　名：中餐烹飪概論
作　者：邵萬寬 編著
發行人：黃振庭
出版者：崧博出版事業有限公司
發行者：崧燁文化事業有限公司
E-mail：sonbookservice@gmail.com
粉絲頁　　網　址：
地　址：台北市中正區重慶南路一段六十一號八樓 815 室
8F.-815, No.61, Sec. 1, Chongqing S. Rd., Zhongzheng Dist., Taipei City 100, Taiwan (R.O.C.)
電　話：(02)2370-3310 傳　真：(02) 2370-3210
總經銷：紅螞蟻圖書有限公司
地　址：台北市內湖區舊宗路二段 121 巷 19 號
電　話:02-2795-3656　傳真:02-2795-4100　網址：
印　刷　：京峯彩色印刷有限公司（京峰數位）

定價：400元
發行日期：2019 年 02 月第一版
◎ 本書以POD印製發行